本質思考習慣

本質思考トレーニング

逃脫陷阱
從根本解決問題的
九大鍛鍊

米澤創一

郭書妤——譯

目次

前言 21

Chapter 1
什麼是優良與不良的思考習慣？

◆有意義的對話得具備「本質掌握力」 28
◆認知分歧：自己的理所當然，對他人未必如此 32
◆別害怕成為「麻煩的傢伙」 36
◆語言化的陷阱 38
◆「總之先做再說」是危險的習慣 43

◆不可草率採用「似是而非的答案」 46
◆「思考」與「行動」並非反義詞 50

Chapter 2

會妨礙解決問題的9種陷阱

◆妨礙從本質解決問題的9種陷阱 56
◆陷阱1 捷徑式思考 58
◆捷徑式思考的三種症狀 59
捷徑式思考案例1：之前明明一帆風順 63
捷徑式思考案例2：嘗試模仿其他公司，卻效果不彰 64
捷徑式思考案例3：學鋼琴能提升學力？ 66
捷徑式思考案例4：新人失誤連連 68
捷徑式思考案例5：比較三個圖表 70
捷徑式思考案例6：偉大前輩留下的工具 73

◆陷阱2 忽視現狀 77
忽視現狀案例1：自己的團隊很努力 78
忽視現狀案例2：達成本月目標的真實狀況 79
◆陷阱3 分析膚淺 82
分析膚淺案例1：想要減少處理客訴的時間與勞力 82
分析膚淺案例2：接二連三的增員請求 84
◆陷阱4 手段草率 86
手段草率案例1：使用免費工具 87
手段草率案例2：接近交貨日期時變更型式 88
◆陷阱5 有始無終 91
有始無終案例：雖然成功削減了計程車資…… 92
◆陷阱6 憤怒的代價 94
憤怒的代價案例1：斥責導致專案終止 95
憤怒的代價案例2：對負面回憶耿耿於懷 96

◆ 陷阱7 腦的習慣 98
腦的習慣案例1：擺脫不了的無意識偏見 99
腦的習慣案例2：正面的語感 102
◆ 針對「假說範圍外」思考 104
◆ 陷阱8 與己無關症候群 108
◆ 負面循環 111
◆ 陷阱9 已解決而不自知 115
已解決而不自知的案例：過於仔細的企劃書檢查 116

Chapter 3 陷阱逃脫法

◆ 逃脫1 回歸成一張白紙 123
◆ 逃脫2 從第三人角度 126

◆ 逃脫3 反覆問為什麼 128
◆ 逃脫4 參考專家判斷 132
◆ 逃脫5 馬上確認現狀 134
◆ 逃脫6 觀察自己的狀態 136
◆ 進一步問「自己為何處於這種狀態之中」 140
◆ 逃脫7 意識到偏見 143
◆ 逃脫8 有當事人意識 145
◆ 弊病或許來自「照我說的做」 148
◆ 要你戒菸，所以剪碎你的香菸！ 150
◆ 逃脫9 周圍是否改變 154

Chapter 4

鍛鍊自己避免落入陷阱的能力

◆ 鍛鍊1 磨練設想力：連下一步都考慮到 158
◆ 喝咖啡的最佳與最糟狀況 162
◆ 選擇前往重要會議場所的路徑 163
◆ 鍛鍊2 懷疑的態度：什麼條件下無效 166
◆ 用懷疑的態度檢視：日常通勤 168
◆ 用懷疑的態度檢視：午餐時間的利用方式 169
◆ 鍛鍊3 換位思考：站在他人的立場觀點 170
◆ 鍛鍊4 分辨資訊傳達者的意圖：意見或事實 173
◆ 鍛鍊5 嘗試視覺化：彌補語言的弱點 176
◆ 視覺化能補全不完善的資訊 179

◆鍛鍊6 嘗試扮演規則制定者：該如何修改 184
◆鍛鍊7 嘗試編寫自己的維基百科：別自以為懂 186
◆背九九乘法表的意義 188
◆鍛鍊8 養成分析資料的習慣：以數據做基礎 190
◆鍛鍊9 嘗試思考什麼會摧毀自己的公司 193
◆會摧毀自己事業的事物 196
結語 201

你是否碰過這樣的狀況？

開會時，

因為大家都說Ｙｅｓ，

所以即使自己不太理解

也跟著說Ｙｅｓ。

電話行銷仍以
「通數」為工作量標準。

不太明白某些工作的意義何在。

認為暫且先按照
前輩的做法，
就不會有問題。

你是否會像這樣，

未看清「本質」就行動？

本書能讓你鍛鍊以下兩項能力：

時時關注本質的思考習慣：「本質思考」

掌握本質的能力：「本質掌握力」

說的簡單，做起來卻沒那麼容易，
因為大家都容易掉進
9種「陷阱」。

接下來
就一邊注意這9種「陷阱」，
一邊學習「本質思考」與
「本質掌握力」！

前言

你有沒有碰過以下這種狀況？

部長：上層因為專案時程又延遲，把我訓了一頓。你可以把分析跟對策寫在月工作報告會議的資料裡嗎？

A：我知道了（反正原因八成跟上個月一樣是人力不足吧），我會把原因跟對策寫在報告書上。

在月工作報告會議上，A得知了新的事實。

部長：人手不足確實是個問題，但我聽說是因為資材採購失誤而延遲了四個星期！

A：（原來發生了那樣的事……我應該要確實調查完再寫報告書才對……）

或許你也曾在家裡碰過這種狀況。

母親：你什麼時候會把浴室打掃好？

B：等一下會去啦！我現在正跟朋友用Line聊天，聊完就去。

三十分鐘後，母親見B沒有動作，不耐煩的她就把浴室打掃好了。

母親：我看你沒有要掃的意思，就自己去打掃了。你完全不遵守約定，真的是……

B：我剛剛不是說聊完天就會去打掃嗎！

部長想要A調查本月專案延遲的原因並思考對策，但是A拘泥於過往案例，擅自判斷原因跟過去一樣是人力不足造成延遲，並認定只要將這個原因寫在報告書上即可。此事的行動目的是確認進展，若有延遲就分析原因並處理；**如果不忽略行動的目的，狀況就不會演變至此**。

然後，B的母親想知道B會在什麼時間或時刻打掃完浴室。或許B這樣回答會比較好：「我現在忙著跟朋友傳Line，沒辦法馬上打掃。三十分鐘後再去可以嗎？」

若要使對話有意義，就不能被對方的表達方式或口誤所影響，必須判斷出對方真正想要傳達的想法，也就是掌握本質。本書將這種能力稱作「**本質掌握力**」，詢問對方問題時，也得掌握對方無法直接回答的背後真意，這種能力也可說是「本質掌握力」。

前面介紹了商業與生活上的案例。

進入主題後將詳細講解本質掌握力，**學習本質掌握力，養成時時注意本質的思考習慣——本質思考，不只能讓人從本質面去解決問題，還能提升建立良好人際關係的可能性**。

我現在於慶應義塾大學研究所從事教職，擔任系統設計與管理研究科的特別招聘教授。該研究科於二〇〇八年甫設立時，我就已參與其中。我將心理學與行為經濟學的思想活用在專案管理上，主要研究並教授這種更加人性化的專案管理方式。另外，我也研究並教授本書的主題「本質掌握力」以及「本質思考」這種思考習慣。

在那之前，我在一九九〇年至二〇一七年的二十七年間，於名為埃森哲株式會社（Accenture Japan Ltd）的外商顧問公司工作。職涯走至中間時，我擔任了常務董事（Managing Director），統籌各式各樣的組織，並擔任專案負責人、教育負責人等職務。

我的埃森哲職涯十分充實而美好，卻不是一帆風順。我剛進公司時，教育訓練獲得最差的成績，而且公司一直沒分配專案給我，之後好不容易分配到專案，卻因自己成不了戰力，才三個月就被踢出專案。在那之後，我反覆經歷了許許多多的失敗，仍努力堅持了四分之一個世紀以上。

雖然對於被我拖累的同事感到十分抱歉，不過我從闖出的大禍中學到非常多經驗。我確信這些經驗，對我從二〇一七年展開的嶄新人生大有用處。

另外，我發現自己從顧問公司學到的專案管理技術，如目標設定、風險管理以及面對事物的思考方式，都能活用在生活之中。

我認為**人生的目的在於「變幸福」**。

更進一步地深入思索，我認為「幸福思考」是以自己與重要之人的幸福，作為判斷事物的基準。我確信充分運用「本質思考」以及「幸福思考」這些思考方式，能讓人變得更加幸福。

在這些要素之中，「本質思考」與「本質掌握力」也屬於核心。

「本質」在辭典中的定義為「讓事物本身得以成立的獨有性質」（《廣辭苑》第七版，岩波書店）。本書以探討問題解決、行動、溝通的本質為主。

問題解決的本質是指「真正想解決的事，也就是引起問題的根本原因。或真正想解決的事獲得解決的狀態」；行動的本質是指「行動的結果，最終希望達到的狀態（行動與目的之本質幾乎相同）」；溝通的本質則是指「最想傳達給對方的事情、想在溝通對話中讓對方獲知的訊息，或希望對方理會自己的狀況」。

本書聚焦於「本質思考」與「本質掌握力」的部分。

閱讀過我上一本著作《專案管理式生活之建議》的讀者，應該有許多人已經注意到「本質思考」與「本質掌握力」的重要性。另一方面，也有很多人想知道要如何鍛鍊這些能力，並運用在生活與工作上。

所以我在書中講述習得「本質思考」與「本質掌握力」的鍛鍊方法，讓讀者掌握從本質面去解決問題所必備的「本質思考」，以及天天都能注意到本質的思考習慣：「本質掌握力」。此外，本書雖然會介紹許多案例，但是皆為虛構，與實際的企業或團體並無相關。

Chapter 1

什麼是優良與不良的思考習慣？

有意義的對話得具備「本質掌握力」

你對書中開頭所舉的對話例子有何感受？

你在家庭或職場中，是否也有過類似的對話？

我們身邊時常有這樣的對話，若不注意便難以察覺此事實。或者雖然注意到了，卻不夠重視而置若罔聞。

不論是在公司、學校或家庭，我們都與他人有相關、連結共存。只要不是非常特殊的環境，和他人對話都是極為理所當然且自然的事，但是**對話未必能確實成立，甚至經常無法確實成立**。

對話時就算沒有直接回答疑問，也不會馬上發生什麼大問題。只要是在彼此擁有信賴關係、知性、知識或想像力的狀態，大多時候都不會演變出致命性的問題。不過我們完全無法保證絕對不會引發致命的問題，問題越複雜，就越得正確掌握對方的語意，並且正確回答。

重要的是，對話中的提問方要提出「目的明確」的問題。**只要明白地指示回答方式，就會變得比較好懂**。要用Yes／No回答？還是用5W2H（What、Where、When、Why、Who、How、How much）回答？我們可以對提問下工夫，例如明確指示回答的單位（幾時、幾公尺、幾公斤等）。

想要平時就養成「讓對話具備意義」的習慣，重要的基本做法是意識到掌握本質的能力：「本質掌握力」，並加以鍛鍊。若要掌握對方發言的「本質」為何，讓對話具備應有的意義，本質掌握力無疑是必要的能力。

另外，倘若誤解對話所指的對象，那就會變成一場鬧劇。

社長說的「那件事」跟部長詢問的「之前的那件事」，或許與你理解的「事件」完全不一樣。

即便傳達的人認為自己言辭明晰，接收的一方卻可能覺得曖昧不明，這是相當常見的狀況。原因在於傳達方與接收方使用的「辭典」不一樣，長期以來，我們在自己腦中編寫了「辭典」。縱使使用同樣的詞彙，每本「辭典」記載的含意還是會略有差異，而且自己的「辭典」並無法與他人的辭典完全同步。

所以只要是使用話語溝通，傳達方與接收方的言辭自然會有微小的含意差異。與其只用話語傳達，不如同時用數種方式（讓接收方看照片、圖畫或聽聲音等）傳達會比較好。若不如此下工夫，就難以正確傳達想法。

「為什麼提出這個問題」的背景說明，可以說是為了用語言以外的方式傳達訊息的補充資訊。

為了進行有意義的對話，本質掌握力不可或缺。

只要平時養成讓對話有意義的習慣，便能學習到本質思考。

■ 若要對話有意義，就得具備「本質掌握力」

對話的本質掌握力

提問者

提出目的明確的問題	• 明白指示回答方式（Yes／No、5W2H） • 清楚指出對象 •「為何有此提問」的背景說明

回答者

正確掌握問題的目的	• 確認回答的方式（Yes／No、5W2H） • 確認對象 • 思考提問者的立場、目的、問題背景
配合問題的目的，正確地回答	• 是否依據「回答方式」回答？ • 回答是否符合提問者的立場、目的、問題背景？

認知分歧：自己的理所當然，對他人未必如此

公司最近才剛錄用具備業界工作經驗與知識的B，A部長與B有段對話如下。

A部長：B，X公司的契約書完成了嗎？

B：您說的是X公司供應鏈改革專案的契約書對吧，就快好了。

A部長：這樣啊，那你可以在今天傍晚四點前先做好交給對方準備嗎？今天是提交期限，所以不能太晚準備。

B：今天就要提交嗎？A部長，我需要先讓法務部確認嗎？

A部長：因為這是契約書，一定要讓法務部確認過才能提交。難道你還沒拿給法務部確認？

B：（糟了……）非常抱歉，我不知道您交辦給我的契約製作事項還包括讓法務

部確認以及蓋公司章……我馬上就去拜託法務部。

A部長：（B啊，拜託你振作點……所謂完成契約書，當然是指讓法務部確認並修正，接著蓋好公司章並裝訂，這些全部都做好了才算完成。聽說公司因為他是有業界經驗的即戰力才錄用他，但是現在看來前途堪憂……）

B似乎快要來不及在提交期限前交出重要的契約書，因嚴重失誤而丟盡臉面。你覺得B為什麼會引發這樣的失誤？

從A部長與B的對話之中，隱隱約約可以看出幾個導致認知分歧的原因。這樣說明或許有些瑣碎，接下來就嘗試列出各個原因吧。

首先，A部長突然提起「X公司的契約書」，如果公司跟X公司之間同時有數個工作在進行，A部長的說法能正確傳達問題嗎？另外，要是交辦給B的工作跟A部長當下所想的不一樣，那該怎麼辦？這裡已經能看出危險的徵兆。

對於A部長的提問，B確認了A所問的工作項目為何，這是正確的反應。

此外，A部長說的「完成」是一般用法嗎？

以這份契約書來說，A部長認知的「完成」是指寫好原案後，經過法務部的確認，修正後蓋好公司章並裝訂，處於隨時都可以提交的狀態。

然而，B認定A部長交辦給他的工作只有「撰寫草案」。此處未舉出交辦時的對話，不過當初A部長大概是說：「B，你可以在△△日的傍晚前完成X公司的契約書嗎？」

如果該部下之前就一直是在這間公司工作，就能理解「完成契約書」的意思而不會產生誤解，那麼A部長的要求便是合理，但是公司才剛錄用B沒多久，那樣的要求太過嚴苛。同樣的，B在接受工作交辦時，也必須確認「完成」是什麼意思。

尤其是剛換到別間公司時，就算是同樣的用詞，不同公司所使用的詞彙含意未必與從前任職的公司一樣，所以一定要詳加確認！

另外，由於這次發生了比較嚴重的問題，所以有一個小失誤容易漏掉。對於「已經完成了嗎」這個問題，B採取「就快好了」的回答方式。最適當的回答為「已經完成了」或「尚未完成，還要花△△分鐘」。

A部長交辦與定義工作的方式都含糊不清，B接受交辦工作與答話的方式也讓人覺得有待改進。

若無法正確掌握對方想要表達的內容，就無法進行有意義的對話。

不論自己是提問者還是回答者，有意識地讓對話有意義，可以說是「優良的思考習慣」。

提問者要釐清自己想要問什麼。

回答者要思考提問者的目的，目的不明確時要確認過再回答。

謹記自己的理所當然，對他人而言未必如此。

別害怕成為「麻煩的傢伙」

面對主管含混不清的問題，要是開口問「請問那是什麼意思」，或許主管會心想「這傢伙好麻煩」。

儘管如此，因為害怕那樣的評價而不開口問，會把事情引導至更惡劣的結果。如果明明不懂卻裝懂，進而採取判斷完全錯誤的行動，如此得到的後果，比起確認問題內容的丟臉與尷尬，應該更加糟糕。

不可思議的是，人類**往往會毫無根據地相信自己的「預想」必定正確**。縱使明白：當下確認方向並採取正確行動，是更不費事又有效率，但人類還是會順從「自己的料想一定正確」這樣毫無根據的「預想」去行動。

雖然已嘗試行動，卻因為推測完全錯誤而必須從零開始重做……這種事情並不罕見。在某些狀況下，還可能因此失去最重要的信賴。有句話說得很好：「問乃一時之恥，不問乃一生之恥」。

害怕成為「麻煩的傢伙」，不確認必須確認的事情就進行下一步，可說是「不良的思考習慣」。

別害怕成為「麻煩的傢伙」，要知道釐清模糊的問題，對彼此大有好處。相反的，當部下提出問題，讓你覺得「這傢伙好麻煩」時，就要回想自己的發言是否有含糊不清之處。

語言化的陷阱

「語言」可說是人類發明出的最強工具之一，若無語言，人類無法進步至此。

不過另一方面，我們不可以過於相信語言的力量。

如同前述，即便使用同樣的詞彙，每個人的「體內辭典」也有微妙差異，中間經過翻譯後，就更加難以完全理解。

一件事實有無數種表達方式，且表達方式自然會因為文化、經驗等因素而有異，因此我們不能只用語言傳達，還得下工夫把語言和其他的表達方式組合運用。

人類靠視覺、聽覺、嗅覺、味覺、觸覺等知覺感知事物，最近有研究顯示，人類的感覺可細分為二十餘種，本書我會採用過往的分類「五感」進行說明。

五感的敏銳程度因人而異，像我是個大近視，又有散光，加上老花眼也不斷惡化，就算戴著眼鏡，視力也比一般人差，聽覺同樣大大地衰退。另一方面，我的嗅覺與味覺從以前就相當靈敏，直至現在也並未退化。我不知道觸覺的優劣該如何判斷，不過我天生就笨手笨腳，從這一點來看，我認為自己應該屬於比一般人更遲鈍的那一類。以我的狀況來說，我在感知事物時，視覺、聽覺的準確度可能頗低。

也就是說，縱使感知相同的事物，掌握方式也會因人而異。另外，將感知到的資訊直接輸入為記憶，當我們想要將之化為語言，大腦就會瞬間對照體內辭典，並從辭典裡挑選最適切的詞彙。

所謂語言化，就是必須配合語言去簡化所獲得的知覺訊息。另外，若某個知覺訊息能被語言化，意味著它與過往曾經體驗過的感覺或已知的事物很像。

換言之，若要語言化，就要明白自己所獲得的知覺訊息，與過往曾經體驗的感覺或已知事物並非完全相同，同時在腦中選出「自己認為最相像卻似是而非的」。

一個人在以前體驗到某感覺時參照的體內辭典，以及從中選出適切言辭的這個過程，就是他過去培養出的語言能力與思想，這些都會受無意識的偏見等因素所影響。

實際語言化並發言時，大腦會推敲言辭，好讓其他人更容易理解我們的體內語言。此外還會考慮到ＴＰＯ（Time, Place, Occasion，即時間、地點、場合），並調整表達的方式。

前面所舉的A部長與B的對話案例，正是因為兩人體內辭典的差異，導致交辦事項認知上的齟齬。

如同下頁圖表所示，我們在感知某事物後，若要將它語言化並發言，至少需要經歷四層過濾。

第一層是「用知覺能力過濾」；第二層是「將五感獲得的感覺轉換成體內語言」；第三層是「將體內語言轉換成發言」；第四層是「考量TPO後調整發言」。

倘若在第四層過度過濾，就會因太過顧慮氣氛或狀況，導致無法在溝通時表達自己原本打算說出的想法；若過濾不足，別人就會認為你不會看氣氛或狀況，視你為沒常識的傢伙（我個人認為縱使如此，也遠遠好過沒表達自己原本想說的想法）。

既然知覺訊息會經過這麼多層的過濾，我想大家就能明白，由於每個人擁有的知覺能力與體內辭典等狀況皆有差異，所以想要單憑言語去互相理解而毫無誤解並不是一件容易的事。

前面以「有意義的對話」為例，讓各位讀者想像什麼是本質思考，同時也說明了語言擁有的特性與極限。

語言擁有的力量非常強大，但是它並非萬能，把它和語言以外的傳達方式並用，就

■ 何謂語言化

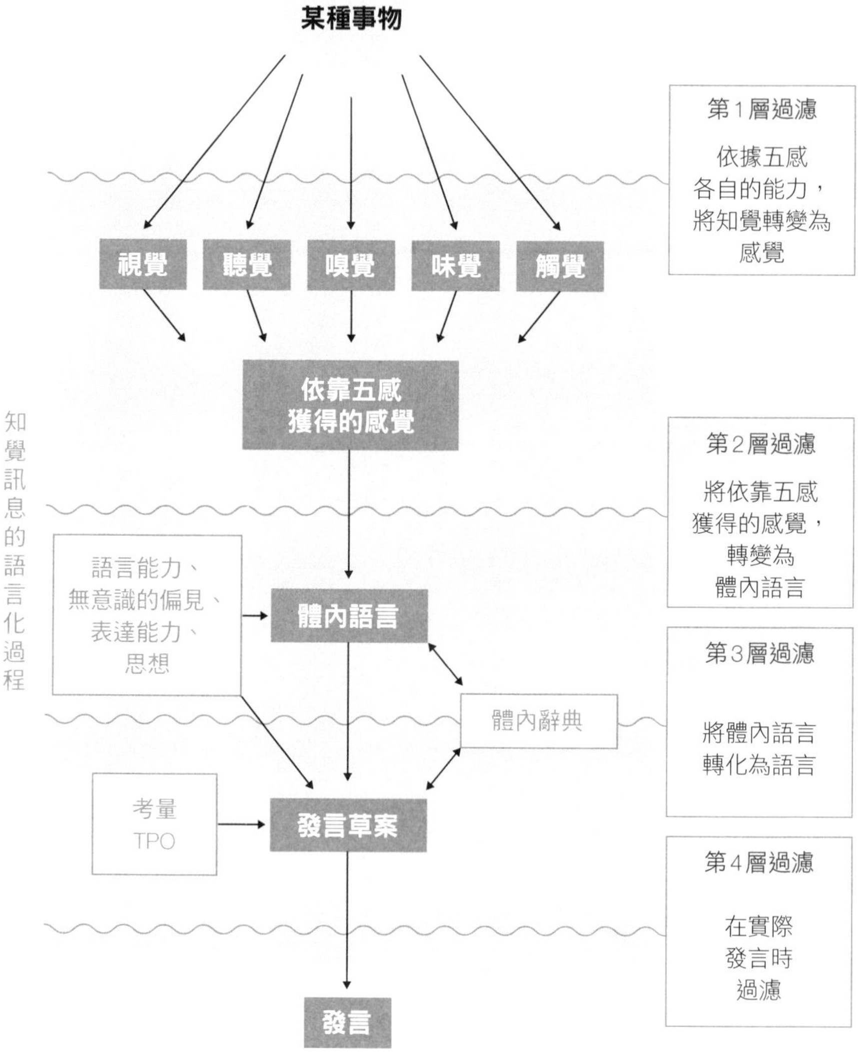

某種事物
第1層過濾
依據五感
各自的能力，
將知覺轉變為
感覺
視覺
聽覺
嗅覺
味覺
觸覺
依靠五感
獲得的感覺
知覺訊息的語言化過程
第2層過濾
將依靠五感
獲得的感覺，
轉變為
體內語言
語言能力、
無意識的偏見、
表達能力、
思想
體內語言
第3層過濾
體內辭典
將體內語言
轉化為語言
考量
TPO
發言草案
第4層過濾
在實際
發言時
過濾
發言

可以減少彼此的誤解。

閱讀這一節內容後，相信大家能更清楚知道：將語言與其他傳達方式一起使用，讓想要表達的事情更加正確地傳達出來，這就是「優良思考習慣」。

各種訊息會在語言化的過程中被簡化。

我們極難單靠語言就能把訊息傳達完全。

語言非常強大，但不可過度相信它的力量。

「總之先做再說」是危險的習慣

現代無疑是追求速度的時代。

一般認為，由於世間變化多端，所以比起靜待優秀的答案而不行動，一邊行動一邊修正方向的做法會比較適合這個時代。但這並不是建議大家先展開行動，什麼都不要想。

在商業上會因各式各樣的目的而早早展開行動，比方說難以預測市場反應時，早早行動的目的在於：不依憑想像或推測去決定產品型式，而是製作原型並蒐集實際反應，再修改成符合市場需求的設計。不可沒有這樣的目的就隨便展開行動。

當然了，有些事情（一般而言不會導致嚴重後果的事）是不論採取什麼手段，結果都不會有太大的差異，對於這類的事情，有時「先做再說」也能僥倖成功。另外還有些事情是：雖然有更好的解決方式，但目前看起來已暫時解決。這種狀況並不罕見。

只是若因為如此就不小心養成「總之先做再說」的習慣，就會在原本必須適當思考再採取行動的時候，不自覺啟動了這種習慣，而掉入陷阱。

我是平常就會確實思考各種事情的那種人，但即便如此，我也不是對所有的事情都這麼做。

另一方面，我未經思考的行動也沒有全部都失敗，有許多反射性的行動反而都獲得了好結果。

重要的是，「對於必須思忖的問題，一定要徹底思考」，若無「思考習慣」（意識並活用本質掌握力的習慣），一旦碰到不得不思考的時候，就會無法正確地思考，本書將這種思考習慣稱作「本質思考」。

「只要做了這些就全都能順利」的相反是「不這樣做就全都無法順利」，像這樣的事情也相當罕見。

平常若不鍛鍊思考能力，當碰到「不得不思考的時候」，便難以正確應對。

另外有些事情從表面上看起來，會讓人認為「不論採取什麼手段都不會有太大差異」，但其實不同的手段會導致天差地別的結果。

誤判的原因在於欠缺想像力、知識或經驗，這種判斷出乎意料地困難。

簡單來說，面對各式各樣的事情都要盡量運用本質思考，這樣比較安全，同時正確判斷的可能性也會大大增加。

平時就要養成「本質思考」的思考習慣。

雖然「總之先做再說」也可能會順利，但若不小心養成這種習慣，就無法在需要的時候運用「本質掌握力」。

不可草率採用「似是而非的答案」

不知是不是因為所有場合都對速度有所要求，馬上就想得到答案的人似乎相當多。如果有一個人處於走投無路的狀態，確實可以理解他渴求答案的心情。窮途末路之時，無論理由為何，人都會想要別人告訴自己能獲得成果的方法，這種心情往往會隨著困境而增強。

不過這可能會不小心變成習慣，所以是個值得討論的問題。渴望問題的答案卻不自行思考，這種態度有個基本前提，就是「有人知道問題的解答」。

雖說如此，但**自己現在面對的問題，跟別人從前處理過的問題，真的一模一樣嗎？**「他人知道的答案」適用於自己面對的問題嗎？

沒有仔細思考過這一點，就草率採用別人給的「似是而非的答案」，是非常危險的行為。

前面已有提及，現代變化的速度非常之快，而且還會有前所未見的事情發生。縱使是看起來相像的事情或現象，也可能擁有迥異的本質。

此外，放眼全世界，現代日本在「問題」上可謂「先進國家」。換言之，日本面對的可能是全世界都沒人碰過的問題。

日本在高度經濟成長期的目標是歐美，當時的日本有目標，道路也由歐美開闢完成，重點在於如何有效率地前進，日本人從前接受的是適合那個時代的教育。

現在日本人必須想出要在哪裡打造什麼樣的道路，日本現在需要的是和從前完全不一樣的教育。

在變化甚少的時代，再次碰到從前曾經歷的問題是很常見的事，因此答案有重複使用的可能性。過去，寫考古題是一種有效的方式，但在變化劇烈的時代，相對少有機會碰到完全一樣的問題。**現在難以重複使用一樣的答案，倘若不小心養成了「草率採用既有答案」的習慣，就會忽略「理解問題的本質再導出答案」這樣的程序。**

若未經過此程序，面對新問題時就難以導出適當的答案。

另外，要是養成輕率採用答案的習慣，還會產生另一種危險，就是拘泥於自己獲知的「似是而非的答案」。如此一來，自己就會硬是把「似是而非的答案」持續套用在貌同實異的事情上。

有許多案例都是表面相像但其實本質並不相同，這使得同樣的答案無法作用。不經思考就草率採用「似是而非的答案」並持續套用，可能導致嚴重的失敗。

如果有意識地採用「自己導出答案的程序」，就有可能發現「似是而非的答案」無法發揮效果的理由。

尤其複雜又不容許出錯的問題，更是必須要先理解其本質再研討解決方法。

倘若「輕易採用似是而非的答案」成為習慣，就無法學到本質思考，這可說是不折不扣的「不良思考習慣」。

後面的訓練，我想要從以下幾項開始說明：如何鍛鍊能從本質面去解決問題的「本質掌握力」；如何習得「本質思考」這種能意識到本質的思考習慣；以及認識會妨礙我們從本質面去解決問題的「陷阱」。

小心不要養成「追求答案本身」的習慣。
現在已是無法仰賴考古題的時代。
強化本質掌握力並學到本質思考至關重要。

「思考」與「行動」並非反義詞

當我提到「本質掌握力」或「本質思考」，有時會有人提出問題（或反駁）：「為了在現代倖存下來，比起停在原地思考，先起身行動不是比較重要嗎？」

確實，近年有許多成功案例都是不在意想法尚未完善，直接就將點子付諸實行，再把從中得到的啟發投入原案，構成改良循環。

這個問題本身的「本質掌握力」尚有不足，似乎有些拘泥於手段。首先，**「思考」並非「行動以實現之」的反義詞**，「思考」是需要投入行動中所得到的啟發。此處所謂「想法不完善也沒關係」的「實現行動」，是為了得到更符合實際需求的正確啟發，並用於投入思考。

我的目的並不是要各位不經思考就開始行動。

無論如何紙上談兵，不行動就難以設想出正確的市場反應。

■ 專案管理的基本循環

早早讓試製品上市並獲得反饋，能讓公司在早期得到「計畫與實際成果之間的差異」＝運用該反饋制定對策並實施後，再重新循環。

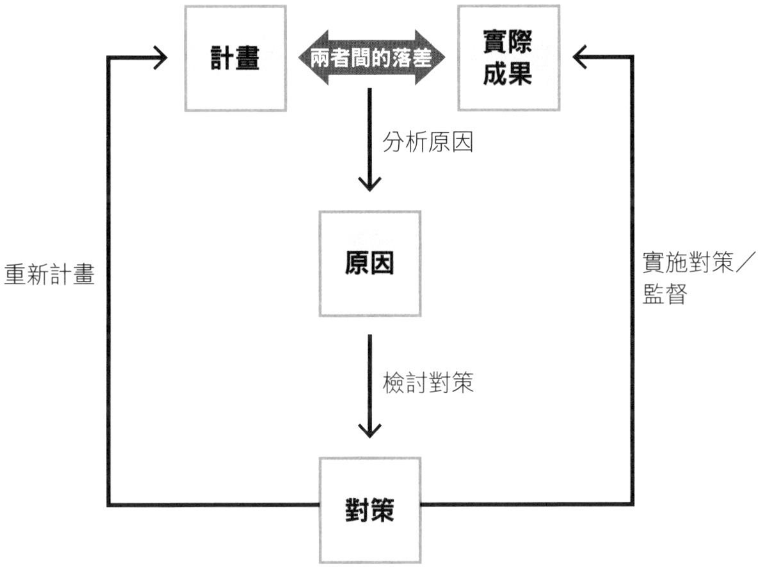

讓試製品（研製階段的產品小樣）實際上市並獲得市場評價，比較能得到優質的啟發（市場給予的反饋、未預想到的要件、未設想到的風險覺察等），這個就是「行動」的本質（當然，製作試製品的目的除了這一點以外，還有其他各式各樣的目的）。

其本質絕對不是不經思考就早早開始行動。

把從市場得到的啟發成立假說，再將該假說加入下一個試製品的設計中，驗證假說是否正確。透過這種持續的循環，就可能在早期將品質更佳的產出成果送到市場上。如果沒有運用從試製品得到的啟發，就在尚未完善的狀態下上市，那麼成功的可能性顯然很低。

「將點子付諸實現的行動」，目的在於得到準確度更高的市場反饋；其次，此為「思考」的準備，是一種實驗。

就此意義而言，我對於「初期就將點子或靈光一閃的想法付諸實現，並投入市場、獲得反饋」的行動，深有同感並且贊成同意。

聽到「思考」，人們往往會浮現出坐在桌前沉默深思的印象，這也是語言化的副作用之一。

「思考」與「行動」並非反義詞。
「在初期就展開行動以獲得正確的啟發」，對於「思考」具有十足的效益，非常值得推薦。
這可解讀為：專案管理的基本循環要從初期就開始進行。

Chapter

2

會妨礙解決問題的9種陷阱

妨礙從本質解決問題的9種陷阱

會妨礙我們從本質面去解決問題的因素有好幾種，而且不是只有單一因素會造成影響，多種因素一同造成影響的情況並不罕見。另外，也有案例是實際上明明沒有從本質面去解決問題，但是當事人卻自以為有。

為了避免大家在不知情的狀況下不小心落入陷阱，本章告訴各位會妨礙我們從本質面去解決問題的九種陷阱。根據經驗，未能從本質面去解決問題導致嚴重失敗的案例，有八至九成都是由這些陷阱所引起。

首先，我們從「明明想要就本質面去解決問題，卻未能做到」的案例開始看起。

■ 會妨礙本質面解決問題的9種陷阱

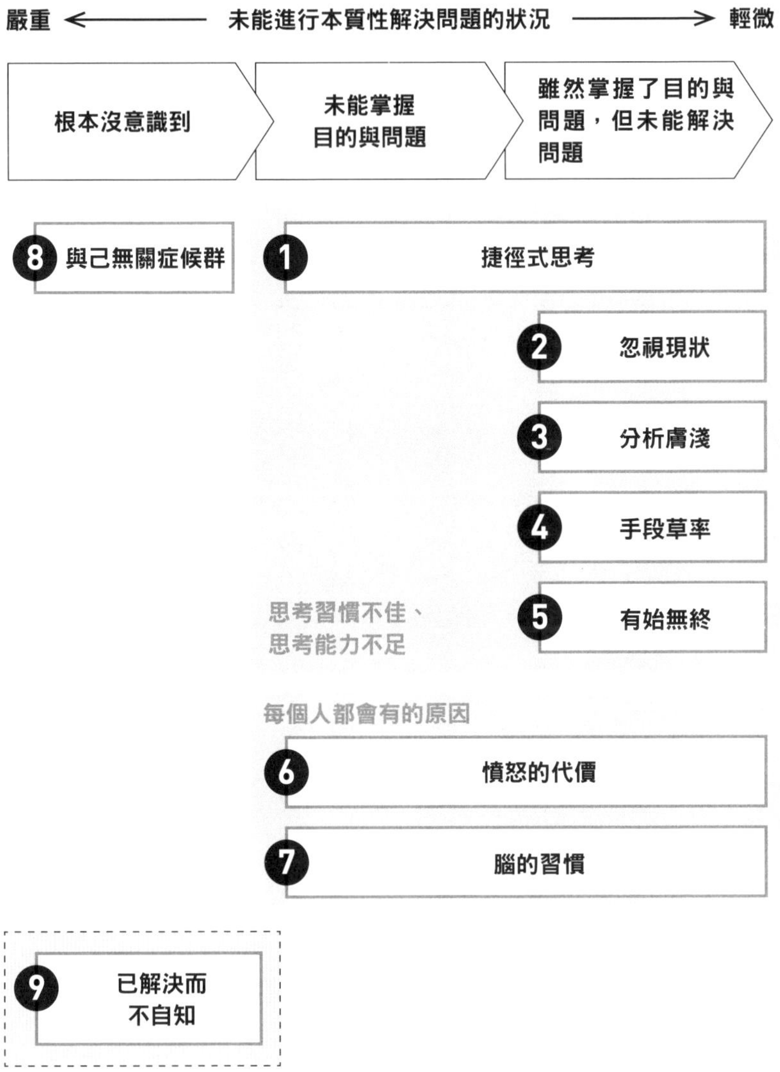

陷阱1　捷徑式思考

會妨礙我們從本質面去解決問題的陷阱中，最常出現的就是「捷徑式思考」。

簡單來說，捷徑式思考就是**未深入思考就擅自斷定問題的本質，認定這個問題跟過去經歷的問題如出一轍**。

誤解問題本質後，硬是套入看似符合又相近「似是而非的答案」，這種做法可以說是雙重的「捷徑式思考」。

要是不小心落入此陷阱，會因為原本就未能正確掌握問題，或未能掌握要採取的行為的目的，導致無法從本質面去解決問題，這樣的狀況很常見。

接下來，我會列舉出陷入「捷徑式思考」時的常見症狀。

捷徑式思考的三種症狀

症狀1

拘泥於過去的成功經驗，縱使問題的背景與前提條件不同，仍單方面斷定該問題與過去的問題如出一轍，而且最後還硬是套用過去成功時所使用的手段。

這種症狀有兩個問題：不經思考就片面斷定問題本質或活動的真正目的，因此最後採取了錯誤的手段。

時代變遷，大家的生活型態已有所改變。即使如此，有些主管要求屬下採用的業務手法，還是和之前與顧客面對面接觸的高度經濟成長期一樣，或是以自己沒有使用為由，打算完全忽略社群網路服務的行銷手法。這就是落入此陷阱時會發生的症狀。

在事物變化如此之快的時代裡，昨天做不到的事，可能今日就因技術革新而得以實現。

不論是什麼組織，都會因為過去有成功的經驗，以至於在事情不順利的狀態下維持過往的方針，在事情變得難以挽回之前都不會回顧反思。在變化劇烈又迅速的時代，若持續受過往成功束縛，可能導致一敗塗地。

症狀2

判斷受常識、一般看法、輿論、權威等因素影響，總是不思考就採取常使用的方法，或是以普遍認知做為標準做法。

這跟拘泥於過往成功經驗的症狀頗為相似，是以普遍常見的做法取代過往成功經驗，未經深入研究就套用。

我們至少得思忖**常見做法是否適用於自己現在的狀況**，「所有情況皆能通用」的答案並不存在。

此外，無法好好識別資訊而混同事實與意見，可能導致無法正確掌握問題。環繞在我們周遭的資訊已氾濫滿溢，且不一定都正確無誤。還有一些狀況是看似在告知事實，其實是在表明意見；或者雖然在告知事實，卻肆意刪除某一部分，這些都是因為資訊傳達者藏有某種企圖。

我不會說所有媒體報導皆是如此，不過許多電視節目、新聞報導以及週刊雜誌報導的目的，與其說是傳達真相，不如說是想要獲取收視率或銷售量。除此之外，媒體有時也會將觀眾或讀者誘導至特定的方向。

我們必須先思考資訊傳達者的意圖為何，取得正確資訊並掌握問題的本質。

症狀3

明明未能理解問題的本質，卻自以為理解，僅依據自己的成見去斷定問題為何，且嘗試以符合己意的假設去理解問題的本質。

常有一種狀況是，本人認為自己在思忖問題的本質，但其實只看到了表面現象，我們必須思考**眼前的現象為什麼會發生**。

咳嗽時，我們大多會心想「自己是不是感冒了」。確實，感冒時大致都會咳嗽。但是咳嗽的原因並非只有感冒，說不定是過敏或感冒以外的疾病。如果不調查咳嗽的原因並適當處置，就可能不只是沒有解決問題，或許還會導致更嚴重的症狀。

另外，在掌握問題本質的時候，我們有時會忍不住就使用了符合己意的假設。原本的問題可能在加入假設後就變成其他的問題，說不定會因為加入假設，導致自己使盡全力去解決一個不一樣的問題。

就算出現了一個現象，也不代表原因只有一個，有可能是數個原因綜合引起一個現象。

除此之外，有些原因雖然無法單獨引發現象，但與其他原因組合在一起後就會了。反之，也有單一原因引發多種現象的情況發生。

根據眼前的現象就片面斷定其原因的數量與種類為何，也是陷入「捷徑式思考」的症狀之一。

判斷時，問題越是重要，就越要先致力於思忖問題的本質。絕對不能不經思慮就擅自斷定。縱使表面看起來跟過往的如出一轍，然而還是會有時代背景改變或技術革新的可能性。

尤其在現代，各種事物的變動都很快速，變化也頗大。過往方式適用於現代的狀況還比較罕見，這樣想或許較為保險。

思考手段是之後的事，若錯看問題的本質，除非極為幸運，否則就無法選出正確的手段。

在前面曾講述：小心不要養成「追求答案本身」的習慣。同理，我們得避免養成「草率選擇手段」的習慣。換言之，請把「答案」與問題解決手段視作同義。

當「看似能解決問題的手段」唾手可得時，人們往往不會考慮太多，直接就想採用，這種心情是可以理解的。但是「手段」的意義在於達成某種目的，對於目的若是沒有正確的認知，就無法選擇手段。

捷徑式思考案例 1 ：之前明明一帆風順

經理之前負責小規模的新商品開發專案，並且大獲成功，蓄勢待發的他在大規模的新商品開發專案中擔任專案經理。他導入之前專案中實際使用過的方法論與管理手法，雖然努力推動專案，卻因兩次的規模差異而難有進展。

他曾有「在艱困之中努力跨越障礙而大獲成功」的經驗，因此這次他沒有向周遭求助，一味勉強地進行專案。周遭的人也知曉經理過去的成功，所以難以插嘴，只能交給他自行管理。

結果專案未能趕上交期，品質也出了問題，狀況變得不可收拾。

大規模與小規模專案宛若完全不同種類的動物，因此飼養方式與飼料也不一樣。兩者之間當然有共通的原則，不過不同規模的專案，必須注意的地方自然截然不同。

捷徑式思考案例 2：嘗試模仿其他公司，卻效果不彰

A在某個地方經營五間咖啡廳。

這些咖啡廳歷史悠久，且長久以來備受當地居民喜愛，然而同業的外商連鎖咖啡廳加入競爭後，咖啡廳的營業收入就驟然減少。

為了探查敵情，A去了幾間展店在同地區的外商連鎖店，他很驚訝地發現，那些店家的接待服務水準相當高。店員雖然年輕，但是接待每一位客人的服務方式都相當用心。

A研究外商連鎖店後，得知他們並沒有服務指南，公司將服務方式都交給員

工個人去決定。這種方式讓A深受感動，於是他決意廢除服務指南，讓員工自主決定服務方式。

廢除服務指南之後，員工的失誤便層出不窮，顧客的抱怨也紛紛湧現，讓原本就衰微的經營狀況受到決定性的打擊。

即使完全模仿其他公司獲得成功的措施，在自己公司成功的機率也微乎其微，這種事情思考一下就能明白。除了員工素質不同，進修課程、評鑑體系與薪資都有差異。如果這些要素全都相同，或許就能成功，但是這種前提並不實際。

案例中，外商連鎖店將重視的事情記於手冊中，並分發給包含打工人員在內的所有員工，還會進行長達八十小時的新人進修課程，而且建立了每天提出詳細反饋的機制。忽視這種企業背景與準備就去模仿某一措施，顯然不可能會順利。

捷徑式思考案例3：學鋼琴能提升學力？

敝公司的問卷調查結果顯示，將近百分之五十的東大生在小學時學過鋼琴；小學生整體則有百分之二十以上的人有學鋼琴，顯然東大生在小學時學過鋼琴的比例頗高。

從這個現象可以看出學鋼琴具有某種提升學力的效果。

看了此文章後，你有什麼想法？

你是否認為如果取得的問卷數量足夠，應該就正確無誤？

我最近時常看到這種報導，取代鋼琴的有時是游泳或其他才藝。

學鋼琴說不定真的有提升學力的效果，但是對於這種文章，我們不可以不經任何查證就囫圇吞棗。究竟東大生是不是真的因為學過鋼琴，才得以考進東大？

我覺得此事的因果關係應該有誤，對於小學就能學鋼琴的人，我們可判斷其家庭至少有一定程度的經濟餘裕，雙親也積極地把資源投資在小孩身上。

難道不是因為他們在那種家庭裡長大，才會培養出進入東大的價值觀？難道不是因為他們的家庭將學習環境整頓得相當完善，所以才能考上東大？

當雙親都擁有高學歷，我認為他們極有可能把學歷的重要性傳達給孩子，並建議孩子朝著該方向努力。雖然也有智商遺傳的可能性，不過我個人認為大學入學考試這種等級的事情，並不需要卓越超群的智能，本人想法與家庭環境才是重點。

學鋼琴培養出的能力，或許有一定程度的幫助，但是在那種家庭裡長大應該才是最重要的因素。

這種因果關係的誤解，會導致錯誤的行動。此外，把相關性誤解為因果關係的案例頗為常見。

因果關係如同字面，就是指原因與結果有明確關連的關係。前述的學鋼琴就是原因與結果的關連有誤。

另一方面，**所謂相關性意指兩個事物中的一方改變，會導致另一方隨之變化**，兩者並不一定具備因果關係。

有許多事情都是不具因果關係，但是可以看出具備相關性。許多相關性純屬偶然，不過人們會不自覺地將之視為具有意義的關係，這是人類大腦的一種習慣，此事將於後面講述。

舉例來說，過去兩百年以來，地球的平均氣溫持續上升，這是事實，地球上的人口同樣在過去兩百年間持續增加。

換言之，地球的平均氣溫可說是與地球人口具有相關性，但是因果關係則令人懷疑。回溯至冰河期，那時氣溫與人口或許具備有因果關係，可是我們能判斷過去兩百年間的氣溫與人口，應不具備因果關係。

另外，有時會有人濫用這種偶然的相關性，巧言如流地將之解釋得彷彿具有因果關係。

因果關係與相關性的混淆狀況相當常見，這是必須留意的事情。

捷徑式思考案例４：新人失誤連連

今年進公司的員工中，有三人被分配到我以課長身分管理的部門。他們看似有幹勁，卻不斷出現工作上的失誤。而且三個人明明接連犯錯，卻意外地沒有反省的樣子。他們一副嘻皮笑臉的模樣，還會一起談天說笑。難道這就是所謂的寬鬆世代？我詫異得無言以對。他們過於缺乏緊張感，這種時候，我必須嚴厲地說說他們。

我把三位新進員工叫來，用比平常還要嚴厲的方式責備他們缺乏緊張感。他們看起來已有反省，想必不會再犯錯了吧。

隔天，其中一位新進員工沒有來上班。這是怎麼回事？我打電話到他的手機，但他沒有接聽，我便留言要他來上班。

兩天後，他用電子郵件告知要辭職。怎麼會這樣……

然後人事部在隔週傳來通知，其中一位新進員工似乎跑到人事部，說他想要調到別的部門。

新進員工持續失誤的原因，真的在於缺乏緊張感嗎？課長還是新進員工的時候，是不是也曾遭前輩如此責罵？

若片面斷定新進員工錯誤連連的原因出在欠缺緊張感，並且加以嚴厲斥責，顯然相當輕率。

要是從新進員工的角度來看，對於第一個部門與首份工作，不可能不緊張，然而課長卻單方面斷定他們缺乏緊張感，還用比平常更嚴格的方式斥責，他們必定大受打擊。看起來嘻皮笑臉只不過是課長的主觀認知與感受，並非適當的判斷素材。

因為遭到嚴厲斥責而擅自缺勤或決定辭職，這些反應雖然看來極端，不過顯然他們的工作價值觀以及對公司的忠誠度等，都與課長迥然不同。先不論行動的好壞，他們擁有不同反應是理所當然的事。

最致命的是，課長沒有打算要瞭解新進員工的狀況，就擺出片面斷定問題的態度。當時，課長必須先冷靜思考失誤連連的原因。

他們是新進員工，所以當他們跟其他員工進行一樣的程序時失誤較多，就某種層面來看是當然的事。如果課長當初跟新進員工一起思考要如何改善程序，應該就不會演變成如此事態。

捷徑式思考案例5：比較三個圖表

大家是否有看圖表來判斷事物的經驗？

請各位看下頁的三個圖表，並試著說明各圖表所表達的事情。

觀察A圖表可知過去繁榮，但之後狀況惡化，好幾年都低迷不振，不過近年又有成長的趨勢，這幾年的實際成績更是超越了十年前。

從B圖表可看出十年來幾乎都是無變化的停滯狀態。

■「捷徑式思考」的三個圖表

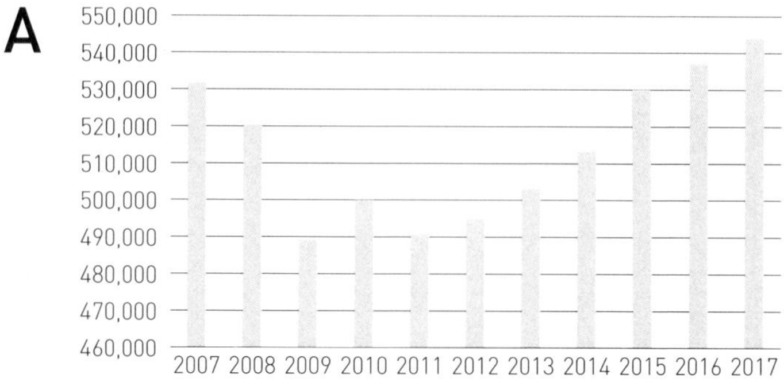
A
550,000
540,000
530,000
520,000
510,000
500,000
490,000
480,000
470,000
460,000
2007 2008 2009 2010 2011 2012 2013 2014 2015 2016 2017

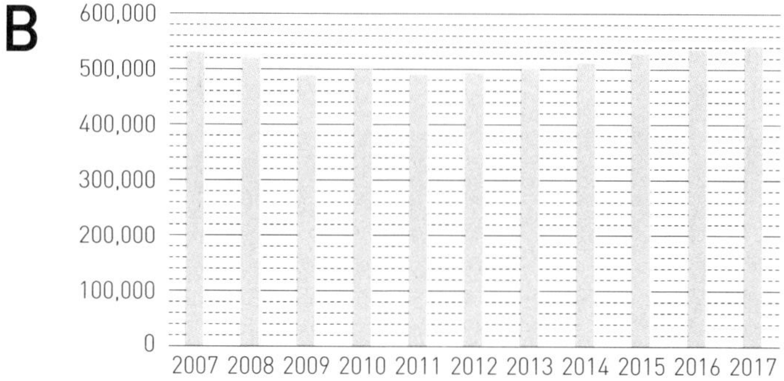
B
600,000
500,000
400,000
300,000
200,000
100,000
0
2007 2008 2009 2010 2011 2012 2013 2014 2015 2016 2017

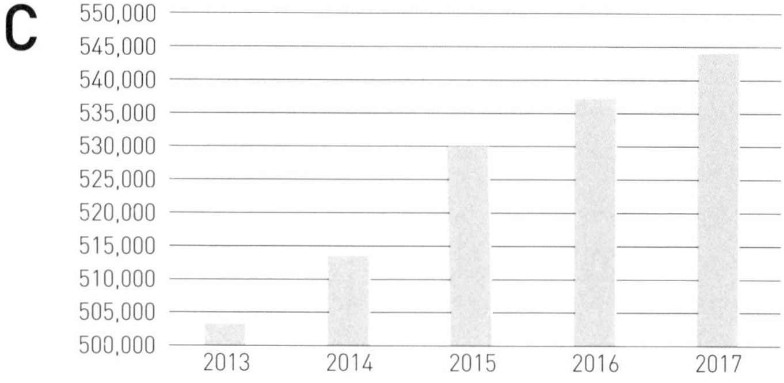
C
550,000
545,000
540,000
535,000
530,000
525,000
520,000
515,000
510,000
505,000
500,000
2013 2014 2015 2016 2017

C圖表則可看出這五年的成長猛烈而快速。

雖然不知道這是什麼圖表，但是這樣解讀的人應該很多吧？

這些圖表確實給人這種印象，那麼如此的理解究竟正不正確？

其實這三張圖表都是根據同樣的資料所製作出來的，傳達的是日本二〇〇七年至二〇一七年這十一年間的GDP變化。三個圖表的相異之處，只有縱軸的刻度與橫軸的時間。不論是哪一個圖表，製作方式都沒有錯誤。即使是完全相同的資料，傳達者也可根據不同的打算、採用不同的使用方式。

例如A圖表，可用來檢視二〇〇九年之後數年的低迷狀況，以及近幾年的急速成長，進行兩者的對比。

B圖表的資料跟A一模一樣，不過看起來幾乎沒有變化，因此這個圖表可用於表達狀況沒有什麼大變化，幾乎沒有成長。

C圖表只取A圖表中過往五年的部分，給人的印象為：五年前幾乎沒有的事物在二〇一七年時變成幾十倍，C圖表用來強調近幾年的成長如此巨大。

不論是誰，只要仔細確認圖表就能明白這些事，不過要是在設計巧妙的敘述裡看到這樣的圖表，可能會不自覺地囫圇吞棗。

另外，將「捷徑式思考案例3」說明的因果關係與相關性之混淆，與這種圖表的呈現方式組合在一起，**能把偶然的相關性佯裝成真的具有因果關係**。因為只要巧妙地調整圖表的座標軸，就能讓兩件毫無相關的事情，看起來像是具備因果關係。我們一定要避免被這種帶有惡意的說明所騙。

捷徑式思考案例6：偉大前輩留下的工具

在我們公司工作了四十五年的X前輩是會計部的活傳說，但他在上個月離職了。過去X前輩建立起我們公司的會計制度，是從無到有的大功臣。

X前輩精心設計的內部報告已沿用三十年，一直以來也都會提交至董事會議。同時，有人提議要更換已使用三十年的會計系統。現在使用的系統採用的是舊技術，所以即使是小小的變更也要花不少費用，在硬體更換等項目上一樣得耗費不必要的經費。

當初X前輩煞費苦心地製作才設計出內部報告，於是在進行系統需求定義（System Requirements Definition）時，眾人決定要採用能支援該內部報告的套裝軟體。因為若不繼續使用原有的內部報告，大家覺得無顏面對X前輩。

該公司更換系統的需求，是要與三十年前製作的會計系統一樣，我認為這件事本身就是誤解更換的意義，不過現在先不管這一點。

要注意的是：重點變成了「X前輩竭力製作而成的內部報告」，也就是「手段」。

製作會計系統並非組織的目的，重現X前輩費心製作的內部報告，當然更不是目的所在。

會計系統的意義在於掌握經營狀況，找出必須改善之處，並採取行動。

在充分研討事物對象的本質前，若是先談論手段，有可能會導致大家的討論一直拘泥於手段本身。

在那個時間點選出的手段，在當時必為正確的選擇，但是人所決定的手段，不太可能永遠都是最佳的選擇。技術會與日俱進，環境也變化多端，工作的方式應該也要有所改變。

如果能適當地討論本質，縱使發生變化也能應對，並且能在當下選出最合適的手段。要是一直討論手段而非本質，說不定就會讓目的變成守護該手段。

然而手段不可能變成本質。

順帶一提，之後將說明「雖然正確掌握了目的與問題，卻無法解決問題」的狀況，而「捷徑式思考」則有可能成為原因。

「捷徑式思考」是一種會在所有地方出現的陷阱。

為了從本質面解決問題，首先必須做的便是小心不要落入這個陷阱。

「捷徑式思考」有各式各樣的模式，是最常見的陷阱。要注意不可輕易遵循成功經驗、常識、一般看法、權威、輿論等，或不經思考就片面斷定；而且要避免被眼前現象的狀況所惑，不思考事情為何會發生就斷定原因，將導致採取不適當的手段解決問題。此陷阱也包含「無法正確理解獲得的資訊，只依憑從中得到的印象，就做出錯誤的判斷」。

陷阱2　忽視現狀

陷阱一的「捷徑式思考」是思考習慣、思考能力的問題，是因為根本沒能理解問題的本質，所以無法從本質面解決問題。

陷阱二則是雖然掌握了問題本質與行為目的，卻未能解決問題。

為什麼無法解決問題？其中一個原因就是：未能正確地認知現狀。

縱使理解目的、目標、企劃等理想狀況，只要對現狀沒有正確的認知，就難以找到具體的手段與方法。

原本就不是呈現現狀的指標、或沒有資料的狀況，這些不在討論範圍內，因為這種情況相當罕見。比較多的狀況是，即使不夠充分，還是有一些能掌握現狀的手段。

還有一種情況出乎意料地多，就是**縱使已經有呈現現狀的數據，自己也無法坦率地認同**。

當一個人在事物上花費的時間與努力越多，就越不想承認現狀與理想的差距之大，這種心情我可以理解。

但若是沒有正確地掌握差距（預定計畫與實際成果的差異），之後的「根本原因分析」（RCA, Root Cause Analysis）就無法準確無誤。縱使方向正確，等到實際思考具體對策時，也可能想出不完善的措施。為了客觀掌握現狀，請試著從各式各樣的觀點重新檢視現狀。

重要的是，平常就要注意屬量資料（quantitative data）與屬質資料（qualitative data）的使用方式，請在確認完手上資料的正當性後，養成好好運用的習慣。資料是一種帶有啟發的材料，以收集資料本身為目的的狀況不多見。所得到的啟發能用在採取行動、改善狀況才是重要的事情。

忽視現狀案例 1：自己的團隊很努力

自己率領的新APP開發團隊所有成員都幹勁十足，日日工作至夜深。但是部門管理的指標顯示，我們團隊與其他團隊比起來，生產力較低且品質問題也比較多。

於是主管提出改善的要求，我自己認為新APP開發團隊所負責的範圍裡，有許多高難度部分，所以團隊的表現並非真的不好，只是指標並未考量到這一點，因此我並沒有採取什麼特別的行動。

幾個月後，新APP開發團隊的進展與品質改善的延遲狀況變得更加嚴重，導致眾人不得不重新修改部門的全體目標。

透過之後進行的原因分析，得知其他部門準備的開發用終端機與網絡電路等作業環境，跟其他團隊比起來極為不穩定，導致團隊不得不反覆重新作業。

新APP開發團隊確實已竭盡全力，絕無懈怠，並無紀律不佳的狀況。但是領導者早就該針對不穩定的作業環境採取必要措施，倘若團隊領導者當初接受指標顯示的問題，並將原因調查清楚，事態應該就不會演變至此。

忽視現狀案例2：達成本月目標的真實狀況

自己統合管理的法人業務課好不容易達到本月的業績目標。

但是從自己手上拿到的各組資料看來，有些小組的業績大幅低於目標門檻。

還好這個月有預料之外的大訂單，才得以填補原本未達成的部分。全年業績斐然是很稀奇的事，而且有時也會碰到意想不到的幸運，就像本次的大訂單，現實狀況就是如此。

拿到大訂單的小組，下個月的業績或許會減少，不過這個月業績不佳的小組，下個月一定會扭轉業績吧。

總之這個月能達成業績目標，真是再好不過了。

主管分析出這個月的業績之所以超過目標，是因為碰到意想不到的幸運。

另一方面，主管並未分析出某些小組未達到目標的理由。如果理由也是因為碰到意想不到的不幸，那麼主管的做法不算錯得多嚴重。

但要是未達到目標的理由其實是結構性問題，下個月與之後可能都會一直達不到業績目標。業績大幅低於目標門檻的小組，說不定有嚴重的問題。

就算這個月達成了業績目標，也不能忽視小組層面的數據。

難得看到了顯示現狀的資料，沒有道理不去活用。

為了選出適當的解決方法與手段，我們必須理解問題的本質與現狀，同時也要接受會讓自己感到不愉快的資訊，並分析預定計畫與實際成果為什麼會產生差距，接著再思考該原因的處理方式。

陷阱3　分析膚淺

「分析膚淺」是指**掌握了預定計畫與實際成果的差異後，誤將差異本身當作問題的本質，或者即使思考並沒有短淺至此，用來辨析差異的根本原因分析卻做得不夠完全，導致未能找出問題的本質**。

當然，採取的措施也有偏離目的的可能性。另外，由於沒有找出根本原因，所以縱使問題乍看之下已經處理好，也可能會再度發生。

「對症治療」無法解決根本問題，而這正是「分析膚淺」的症狀。

分析膚淺案例 1：想要減少處理客訴的時間與勞力

某個部門的業績遠遠不及原先計畫的。

調查原因後得知部門員工時常接到來自顧客的投訴，他們為了處理客訴耗費極多時間，瓜分掉原本必須進行業務工作的時間。

就算只有一點點，部門員工也想要把時間分給業務工作，為此他們整理出一份客訴應對手冊，希望能縮短花在處理客訴上的時間。

的確，如果能縮短處理客訴的時間，或許就能把更多的時間分給業務工作。但是比起「花太多時間在處理客訴」，這個問題的本質應該是「客訴頻繁」才對。倘若不思考顧客為什麼會投訴、能不能消除或減少客訴，就無法從本質面解決問題。只要無法除去客訴發生的原因，就會繼續把時間花在應對客訴上。

即使好不容易才正確掌握了預定計畫與實際成果的差異，只要根本原因分析做得不夠完全，進展就會停留在「對症治療」。問題的根本原因，甚少出在某個特定的個人身上（職權騷擾、性騷擾等例外），所以換人不一定能解決問題。

分析膚淺案例2：接二連三的增員請求

身為新任專案經理的你收到現場主管的聯絡，系統開發專案原本必須配置三十人，對方表示現在只有二十人，需要加派人手。

你確認專案企劃書後，得知這個階段確實需要配置三十人，若按照現在的編制，預計之後會大幅延遲。於是你以專案經理的身分，同意增加十名人手。

自那之後過了兩個月，當時的現場主管再次聯絡你，表示需要增加五名人手。上次你明明調整了公司的人力配置，好不容易才加派十名人力，這是怎麼一回事？

根據現場主管所言，之前增加的十名人力成為專案的戰力，相當活躍，可是原本就負責此專案的成員陸續退出了專案。

在那之後，你詳細調查專案的狀況，得知一開始就加入該專案的成員，幾乎沒有人留下來，成員替換的情形相當頻繁。由於老成員幾乎都不在，所以產生了副作用：專案剛起步時的重要資料沒有全部傳達給留下的成員。

你一個一個問過專案成員後，才知道現場主管似乎有職權騷擾的傾向，大部分的原有成員都是因此而退出專案。

當初現場主管要求增加專案成員的時候，就應該進行根本原因分析，查明為什麼只有二十個人加入。必須有三十人時，卻僅有二十人，這不是人力不足如此單純的狀況。只憑藉現場主管的報告，無法讓人得知專案成員退出的原因就是現場主管本人。

陷阱 4　手段草率

假設我們正確理解了問題的本質、掌握了現狀，並且分析了預定計畫與實際成果的差異與根本原因，之後就必須對根本原因採取措施，不過在那種時候，我們可能會滿足於唾手可得的手段。

「手段草率」指的是**對解決問題具有某種程度的效果，最後卻功虧一簣的狀況**。

例如，明明只要調查一下就可以找到更好的解決方法，但是不調查並套用自己原本就知道的解決方法；或者不尋求專業組織的協助，靠自己身邊的成員支援了事等等。

這跟前述的「習慣追求答案本身」頗為相似。

人會接受唾手可得的解決方式，而且有時手邊也會有相當好的選擇。另一方面也有手邊沒有適當解決方法的情況，此時至少得研討看看有沒有其他的方法。

此外，除了尋找解決方法與手段，還有其他必須思考的事情。

就是不侷限於自己的權限，試著想像擁有更大權限的人會採取什麼解決方式。比方說跟主管交涉，也許就可以放寬「限制條件」（constraints），或是變更「假設事項」（assumptions）。

如果交涉成功，或許問題解決起來就會變簡單並輕鬆很多。

我們的目的在於從本質面解決問題，而不是自己解決全部的問題。位階比我們還要高的人，除了可能可以解決我們解決不了的問題，還能改變我們無法改變的事情，這也許可以說是那些人之所以存在的意義。

手段草率案例1：使用免費工具

自己所屬的部門需要購買未納入本期預算內的資料分析工具。

由於想要盡量壓低成本等因素，自己就請同部門中對軟體知之甚詳的A推薦免費軟體。A雖然不是該領域的專家，但是他沒有愧對軟體通的評價，推薦了符合要求的軟體給我。

我也確認過該軟體並未牴觸公司的工具導入方針，於是便導入該軟體成為部門的正式資料分析工具。

在那之後，部門為了使用免費的資料分析工具而稍微修改原有的系統，但是我們得知該工具在使用者人數增加後，無法同時提供所有人使用。

根據專家詳細分析的結果，部門現在一定要導入大型供應商提供的付費資料分析工具，於是變成需要購買新工具，還要把系統修改成新工具專用的系統。

當初部門為了免費工具而修改系統所花的工時全都白白浪費了，而且現在還不得不延長工期。

最初需要工具的時候，就應該尋求專家的分析與推薦。單單依據目前機能就選定工具，不得不說是一種淺薄的判斷。

手段草率案例2：接近交貨日期時變更型式

我在新產品開發的最後階段收到變更型式的請託。由於變更型式是社長的命令，所以拒絕並非選項。雖說如此，大幅度的型式變更可能導致趕不上期限。

另一方面，由於公司對內外都已經大肆宣傳新產品的發售日期，所以期限難以延後。為求趕上交貨日期，我必須要求新產品開發的成員做好熬夜趕工的覺悟。

其實我心中知道，如果跟包含社長在內的高層交涉，以縮限功能數量取代變更型式，就能夠趕上發售日。但是開發成員並未提出這種建議，因此高層似乎認為變更型式是很簡單的事。

身為新產品開發的負責人，只用自己權限內的行動去完成工作，並不算是克盡己職。負責人**必須跟上層或擁有更大權限的人溝通，盡力提高企劃的成功率**。

上層管理者在大多時候都不會意識到變更商品型式或服務的影響程度。另一方面，如果上層知道變更型式會使專案的成功率降低，那麼多半都不會強行要求才對。因為與新產品開發專案相關的人理應不會希望專案失敗。

縱使是社長的命令，負責人也要將變更型式的風險正確傳達給包含社長在內的高層。就算只提高一點點也好，都要努力提升新產品開發專案的成功率，這就是負責人的工作。

即便最後仍然接受了變更型式的要求，也必須正確地傳達其影響。比方說，變更型式可能伴隨新產品發售日必須延期的風險；或是為了趕上期限而增加人員或深夜加班，因而產生龐大的費用；或者在該時機點變更型式，會伴隨其他功能產生問題的風險。除了說明這些風險，還必須提出應該採取的對策。

思考本質性的解決問題手段時，不該只考慮自己唾手可得的方法，而是要在思考能及的範圍內，把全部的手段都視為選項。此外還要思考權限比自己大的人能夠做些什麼，透過影響上層的行動，或許就能用更簡單又有效的方式去解決問題。

陷阱5　有始無終

這種狀況是：當找到最適合的手段後，化為措施並實行，卻在實施後輕易地感到滿足，**不檢測或確認問題最後是否真的解決，就自認為已經把問題處理好了**。

確認問題已經獲得解決，才能達到目的。常見的狀況是，檢測之後才發現結果不如預期。在那種時候應該重啟以下循環：重新確認自己是否有正確掌握問題，認知現狀與企劃之間的不同之處，正確分析「預定計畫與實際成果產生差異」的原因，並對根本原因採取對策。

另外，還有一種情況是：雖然採取措施解決了當初的問題，結果卻引發其他問題。這不能說是從本質面解決了問題，如果新問題的影響程度遠遠比原本的問題還要小，或許還可以說是解決問題了，若不是如此，哪談得上是解決，反而還讓問題變得更加嚴重。

在執行解決問題的方法後，要觀察並檢測狀況變得如何，這是從本質面解決問題所不可或缺的行動。

有始無終案例：雖然成功削減了計程車資……

會計負責人連絡我，說我團隊使用的經費增加了，尤其計程車費用支出似乎超過公司規定的上限。我詳細調查後得知，最近團隊成員深夜加班，導致計程車資急遽增多。

於是公司新增了一條規定，只有事前獲得批准的計程車資才能算入經費。之後觀察批准的數量，可察覺到團隊成員利用計程車的次數減少了。我雖然有確認團隊成員是否遵守規定，但是並沒有檢查經費整體的情況。

幾個月後，經由會計負責人的指謫，我才知道經費並沒有減少。雖然團隊成員利用計程車的次數減少，住宿費卻增加了。

這種情況是在減少經費與遵守公司規定（此例為計程車資的規定）之間，過度注意後者，導致忽視了前者。

如果團隊主管將經費視為這個問題的重點，就會檢查規定施行後的經費狀況，但是這個案例是把「削減計程車車資」視作重點。這就是失敗的原因，以意義來看，此案例同時也落入陷阱一「捷徑式思考」與陷阱三「分析膚淺」。

就這個案例而言，思忖如何減少深夜加班才能從本質面解決問題，這一點自不用提。因此主管必須進行以下的循環：實施能減少加班的措施，並且採取能削減計程車資與住宿費等專案費用的對策，最後確認是否成功抑制了整體的花費。

實行解決方法後，一定要確認效果是否符合期待。縱使目前的問題已獲得解決，也有可能引發其他的問題。有效的做法是在一個階段內把問題抽象化（abstraction），並確認問題是否在該階段獲得了解決。

陷阱6　憤怒的代價

關於妨礙我們從本質面解決問題的陷阱，在前述內容裡說明的都是思考習慣、思考能力問題所引起的陷阱。

尤其陷阱一「捷徑式思考」會引發許多問題，因為捷徑式思考是根本連問題的本質都未能掌握，所以找到適當解決方法的可能性頗低。

另一方面，陷阱二至陷阱五的狀況是方向正確，但是沒有選出最適合的解決方法。順帶一提，陷阱一也會對這些狀況造成負面影響。

陷阱六與七的情況則是想要從本質面解決問題，卻因為擁有了思考習慣、思考能力之外每個人都可能會有的因素，導致無法解決問題。

這些可能單獨成為原因，但也會與陷阱一至五或其他陷阱一起複合作用。

陷阱六「憤怒的代價」是因情緒起伏，導致不小心選擇了長遠看來明顯不利的選項。雖然陷阱名稱為「憤怒」，但是沮喪與悲傷等情緒起伏也包含在此陷阱內。只要是人，理應都會有情緒起伏。但是我們不可以在必須解決問題時任憑憤怒擺布，錯把懲罰「憤怒的來源」當作目的。

憤怒的代價案例1：斥責導致專案終止

大家得知系統開發專案的某個成員行事怠慢，導致報告書與設計圖稿等成果文件沒有備份。偏偏在這時候，發生網路障礙等作業環境問題，專案經理精心製作的專案管理文件遺失了一部分，導致不得不從零開始重新製作。以前就曾要求該成員進行作業確認與備份，卻還是演變成如此事態，因此專案經理連日嚴厲地斥責該位成員，苦苦相逼，感覺專案經理將個人的怒氣丟在他身上。

最後該成員被趕出了專案，退出專案後他便離職了。

其實這位成員是該專案不可或缺的特殊技術人員，公司對他的技術評價頗高，而且才剛錄用他沒多久。之後公司沒有聘請到擁有同樣技術的員工，不得不放棄原本要使用的技術，結果專案陷入窘境，大幅延遲且嚴重超出預算，導致品質出了問題，最終只得終止專案。

不只憤怒，高漲的情緒有時也會妨礙正常判斷。當自覺情緒激動時，我們必須避免下重要的判斷，而是要冷靜思忖該判斷就長期來看是否對團隊、部門或公司有益。公報私仇僅有百害而無一利。

憤怒的代價案例2：對負面回憶耿耿於懷

A同學是東京都內的私立高中學生。負責教英文的B老師，其教學是公認的高品質，性格溫和敦厚，因此備受學生好評。

然而A同學無法對B老師有好感，因為B老師曾經在A同學之前就讀的國中教書。

他們沒有直接的接觸，B老師沒有對A同學做過什麼不好的事，但A同學似乎是因為自己念國中時沒有什麼好回憶，所以沒辦法對B老師有好印象。

A同學原本就不擅長英文，又因為他無法好好聽B老師講課，導致他越來越討厭英文，成績一敗塗地。

如果B老師曾經直接惹A同學生氣，那還可以理解，但是A同學只是對B老師待過的學校有著不好的回憶就不好好聽課，未免太可惜了。A同學自己放棄了難得的機會，顯然他是選擇了對自己有害的選項。

他在國中擁有痛苦的回憶，著實令人同情，但是**過去無法改變**。A同學選擇讓過往經驗一直跟隨著自己，這為今後帶來了負面影響，我不認為如此能夠讓他得到幸福。

過去就讓它過去，我們應該選擇能讓現在與未來變得更加幸福的選項。要優先從本質面去解決問題，而不是以情緒為優先。情緒高漲時，要重新思量現在真正重要的是什麼。

陷阱7　腦的習慣

人類在直至目前的演化過程中，衍生出了各式各樣的習慣。

大多數習慣的形成都是為了省去判斷的時間，以利人類生存。就某種層面而言，由於效率變佳，所以並不全然是壞事。不過習慣有時會妨礙我們掌握問題的本質，或者讓我們無法採取適當的解決方式。

這是腦的習慣，所以難以除去。而且習慣也會對各種陷阱起作用，尤其對於陷阱一「捷徑式思考」大有影響。比方說，對於自己提出的結論（問題本質或選擇的解決方式），**我們可以重新思忖，自己是否因為腦的習慣而偏離了原本應得出的結論**。

應該有很多人都聽過「無意識偏見」（unconscious bias）這個詞彙，所謂無意識偏見是我們在腦中製造出的一種成見。文化背景、個人經驗、所屬組織、偏頗資訊等種種都會塑造出成見。此外，媒體的反覆報導也能形成偏見。

無意識偏見會在不知不覺中影響判斷，清楚認知這種狀況是很重要的事。

腦的習慣案例 1 ：擺脫不了的無意識偏見

接下來我要敘述某個人物的情況，請你在腦中想像這位人物的形象。

- 我經營一家公司，年營收八百億日圓，公司名為吉田特殊螺絲製作所。
- 吉田特殊螺絲製作所製造的特殊螺絲，採用本公司的獨家技術製成，在特定業界獲得頗高的評價。我的公司在日本全國擁有五間製造工廠。
- 談及私生活，我有兩個小孩。
- 兒子之前剛上小學；女兒正在讀幼稚園。
- 配偶年紀是二十五歲。
- 我的興趣是打高爾夫球，平均一個月會享受兩次打高爾夫球的樂趣。我打球的技術還不錯，頗為自豪。
- 愛車為賓士的S系列。
- 跟我住在一起的配偶為男性。

各位腦中浮現出什麼樣的人物形象？人物形象在過程中是否有改變？

大多數的人，應該都會先想像五十至六十多歲的中年男性。

看似經營家族企業的製造業經營者，似乎會讓許多人聯想到中年男性（只憑企業名稱就認定是家族企業也很冒險）。

不過得知孩子的年齡後，就會開始認為這個人是不是比自己原本想的還要年輕。有些人會想像這個人是第二代經營者，有些人則假想這個人是和比自己年輕的女性結婚的中年經營者。似乎有很多人會把配偶年齡為二十五歲這個資訊，視為自己想像正確的根據。

接著得知高爾夫與愛車的資訊後，不意外地有很多人會認為，這個人應該是與年輕女性結婚的中年經營者。

最後，得知與這個人住在一起的配偶是男性後，似乎會讓人感到混亂。最近世人對LGBT（編按：LGBT是女同性戀者〔Lesbian〕、男同性戀者〔Gay〕、雙性戀者〔Bisexual〕與跨性別者〔Transgender〕的英文首字母縮略字。一九九〇年代，由於「同性戀社群」無法完整體現相關群體，「LGBT」一詞便應運而生、並逐漸普及。）的理解已有進步，也有人會想像這是一對男同志伴侶。

各位應該已經明白了吧，案例中吉田特殊螺絲製作所的經營者是一位女性。

我想傳達的是：為什麼許多人一開始會認為吉田特殊螺絲製作所的經營者是中年男性。前面完全沒有列舉出任何一項男性限定的要素，就算有百分之五十的人認為這個人是女性，也不是什麼不可思議的事。

但是在過去的實驗裡，只有極少數人認為這個人或許是女性（除去曾經做過類似測試者），這些極少數的人不到百分之五。

如果這位經營者的公司不是吉田特殊螺絲製作所，而是有著外來語名字的服飾類公司，結果會相同嗎？說不定會有更多人認為這個人或許是女性吧？然後在看到之後出現的資訊，也會毫無猶疑地認為，這是可用來判斷主角是女性經營者的根據吧？

縱使自己完全沒有歧視意識或偏見，我們的腦還是會像那樣深信與斷定。

試著重新檢視自己下的判斷是否受到這種無意識偏見的影響，就能防止此種狀況。

嘗試確認自己的判斷有無受「無意識偏見」影響。

腦的習慣案例 2：正面的語感

你認為以下的文章正確嗎？如果認為不正確，請闡述理由。

根據某項調查，近年急速成長的企業有百分之九十都採取了重視「創造性」的策略。

由此例可判斷，重視「創造性」的策略，應為成長的根源。

大部分的人會不知為何地覺得正確，同時又認為既然會如此問，表示這段文章應該有什麼不對之處，並回答：光是採取重視「創造性」的策略，並不足以帶來成長。

如此回答或許沒有錯，但是還有一個更明確的邏輯漏洞。正確答案是，若不針對沒有成長的公司進行調查，就無法得知該文章正不正確。

如果沒有成長的企業也有百分之九十採取了重視「創造性」的策略，你還會覺得前面的文章正確嗎？這樣就表示重視「創造性」的策略與成長並無關係。

倘若得知的資訊為：獲得急速成長的公司有百分之九十重視創造性；未獲成長的公

司則有百分之九十輕視創造性，便可說創造性與成長或許具有相關性。

為什麼我們會莫名地覺得前面的文章是正確的？

因為我們的腦無意識地將「創造性」的正面語感，與「成長」這樣的正面狀態連結在一起，**我們的腦容易接受簡單易懂的描述**。

如果文章寫的是「殘酷性」而不是「創造性」的話，各位也一樣能接受嗎？若換成「殘酷性」，大家應該會明顯感到異常，因為在面對不自然的敘述時，我們的腦會產生排斥反應，並以懷疑的目光重新審視。

我們的腦一旦打算用猜疑的眼光重新檢視事物，就會開始確實地發揮機能，此時做出正確判斷的可能性會一口氣提升，危險的是任由腦袋自動判斷的時候。

面對簡單易懂的描述時，我們的腦不會用懷疑的目光審視，所以才會被騙。

人類的腦有著各式各樣的習慣，我們要試著重新檢視自己的判斷有無受到那些習慣影響。尤其人類的腦偏好簡單易懂的描述，就算是能輕易理解的描述，也要再次確認是否符合邏輯。

針對「假說範圍外」思考

我們往往會拘泥於自己推導出的假說（hypothesis），尤其會對「經過一番辛勞才得到」的假說有所堅持，結果就不自覺地斷定該假說是正確的。

假說是：指在某種條件下會發生某種特定的事情，且不符合該條件就不會發生的命題。

如果無論條件為何，該特定的事情都會發生，那麼假說就無法成立。

然而，我們常常只想著要證明「某種特定事情會在某種特定條件下發生」，卻**忘記證明「不符條件時，該特定事情並不會發生」**。若不證明這兩方，假說就不會是正確的……。

以上狀況很常見，我用卡片的例子來做說明。

■ 時常忘記的「假說範圍外」

為了證明假說，必須證實該現象只適用於該假說內，且不適用於該假說的範圍外

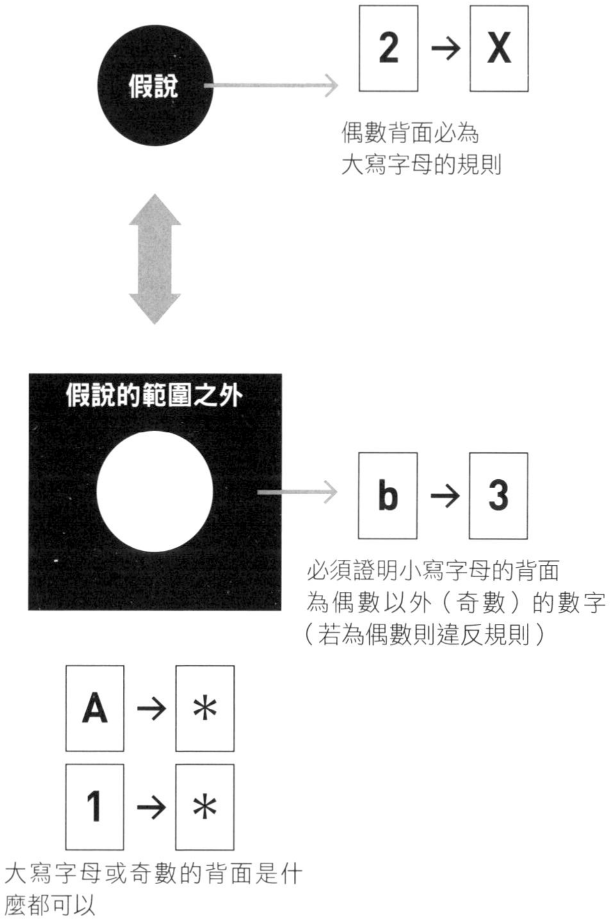

假設卡片的其中一面為字母，背面寫著數字。
然後假設規則為：卡片的其中一面寫著偶數時，背面一定寫著大寫的字母。
桌上排放著寫有2、A、b、1的卡片。
我們最少要翻開幾張卡片，才能確認前述規則成立？
為了揭示規則正確與否，我們必須確認偶數卡片2的背後是否為大寫字母，同時還得確認大寫字母外的字母（也就是小寫字母，此例為b）卡片背面並非寫著偶數。
除此之外的卡片都沒有確認的必要性，奇數卡片1背面所寫的字母大小寫皆可；大寫字母卡片A的背後也是奇數、偶數都可以。
但是大多數的人，會因為規則為偶數背面必為大寫字母，不自覺地認定大寫字母的背後必為偶數。
而且還會忘記確認：大寫字母以外的字母卡片背面是否不是偶數。
想要相信自己假說的心情可以理解，但是我們必須證明此事並不適用於假說範圍外。
我們的腦有著忽視假說範圍外的習慣。
證明某個假說時，需要某現象符合該假說的資料，這一點自不用提，不過我們同時也需要該現象在假說外就無法成立的資料。

倘若在假說範圍外也有與假說同樣的傾向，就表示該假說適用於所有現象，假說就無法成立。

為了證明某假說，我們也必須確認該假說在假說範圍外無法成立，不要忘記這一點。

陷阱8　與己無關症候群

前面說明了雖然想要從本質面解決問題卻做不到的類型。

陷阱一「捷徑式思考」是所有陷阱中最常見的一種，要說什麼陷阱能與之匹敵，那就是接下來要介紹的陷阱八「與己無關症候群」。

此陷阱的狀況是當事人**根本沒有打算要從本質面解決問題**。

這與陷阱一的「捷徑式思考」頗為相似，只是陷入「捷徑式思考」的人知道應該掌握問題的本質，且希望問題能獲得本質性的解決，但結果卻是沒有正確使用掌握問題本質的方法，或者不努力思考就斷定問題所在，因此「捷徑式思考」是思考能力或思考習慣的問題。

陷阱八則是**對於掌握問題本質這件事沒有興趣**，對這種人而言，問題、現象都與己無關。

這種人只想著要把眼前的事情處理完，所以對於自己採取行動後所發生的變化，以及行動是否符合最終目的全都沒有興趣而放棄思考。

與之前的陷阱相比，「與己無關症候群」的陷阱更嚴重，且難以迴避或解決。甚少有人會對全部的事情都產生「與己無關症候群」，通常是在碰到某些特定現象或狀況時，才會陷入停止思考或放棄思考。

會變成這種狀態，應該是誤將「處理完眼前的事」當作本質。之前我也提及，「手段」不可能是事物或問題的本質與目的。

手段是用來達成某件事，所以比較重要的當然是「達成該件事」，不過得了「與己無關症候群」的人連思考這件事都放棄了，他們只意識到要「處理眼前的事」或「做別人交給自己的事」。

執行對策後的結果如何，他們沒有興趣。由於毫無自己的想法，所以行動的理由也只有「別人要我這樣做」。

或許各位讀者認為再怎麼樣，自己都不曾處在如此嚴重的狀態，這個陷阱跟自己沒什麼關係。

但真是如此嗎？

比方說你要製作資料，當下的狀況是：他人施加了頗多壓力與壓迫給你，且交期迫在眉睫。主管不斷批評挑剔，你為了逃避這種痛苦，選擇不自己思考，只是按照主管的指示統整資料。你有過這樣的經驗嗎？

此外，你有沒有看過某些人在開記者會時明明要謝罪，解釋的內容卻始終毫無道理，結果反而引發眾怒，網路上也抨擊不斷？

我沒有開過謝罪記者會，所以只能靠想像推測：這類的記者會之所以會有那樣的結果，應該是因為當事人的目的在於「開記者會」，並沒有打算思考記者會結束後，狀況應該變成什麼樣子。當事人其實不想要開記者會，他是受到各方責難，被逼到「如果不開記者會，事情就無法收拾」的境地，而當事人只想要先逃出該狀況。人會有如此的想法是很自然的。

輸給這樣的誘惑，只是想從困境中逃離，當然無法解決問題。

如果有心想從本質面解決問題，那麼還有改善的餘地；不過要是不把問題當作自己的問題，那就無計可施了。

話說回來，人為什麼會陷入這種狀況呢？

負面循環

造成「與己無關症候群」的原因形形色色，不過我認為主要原因是由兩種因素引起的**負面循環**。

一是**過度害怕失敗的心態**，過往失敗的陰影、因失敗而受到強烈譴責的回憶，以及因失敗而面臨殘酷現實的經驗，讓人不自覺地產生過度害怕失敗的心態。

尤其在日本，失敗後極容易馬上被追究責任或譴責，無論是文化或制度都對失敗非常嚴厲。

過度害怕失敗的心態，讓人想要採取不會失敗的方法，所以有時就會選擇自己不必負責的選項，換言之就是自己不帶任何想法，按照他人指示做事的選項。倘若總是如此，自己的思考能力與判斷力等都會衰退。

一旦自己的問題解決能力變差，最後變得只能照他人的指示去行動，別無選擇。工作上的評價與報酬當然就無法提升，工作幹勁會更加低落，這無疑是一種惡性循環。

另一個因素是**長期接受錯誤的指示方式，結果產生了副作用**。

很多人從小時候開始，周遭的大人就會說「照我說的做」，並將要做的事情與手段都一同給予指示，自己便緊記所謂的正解就是遵從指示行事。在公司，主管也說「照我說的做」，持續接受這樣的指導後，就會不自覺地習慣這種方式。

於是造成人們認定：不自己思考並按照指示作業，才是正確的做法。

這種不適當的指示若一直持續，那麼接受指示的人就只是單純在做事，對於該工作會讓組織或社會產生什麼樣的變化、有什麼貢獻，都喪失興趣去了解，當然就難以維持幹勁。從此之後便一直周而復始、循環不斷。

另外，當自己按照想法行事，狀況卻不順利時，就會遭到責怪：「你不用想多餘的事，按照指示做就好。」然後自己便會不自覺地產生過度害怕失敗的心態。

我們得小心避免陷入這種負面循環。

為此，短期內的重要做法是，指示者要養成以下的習慣：正確地說明並讓接受指示者理解該工作為什麼重要、具備什麼意義，讓接受指示者認為這件事與己相關。

放眼長期的理想做法則是：**把已採取適當程序的失敗，視為挑戰的證明並予以尊**

■「與己無關症候群」的負面循環

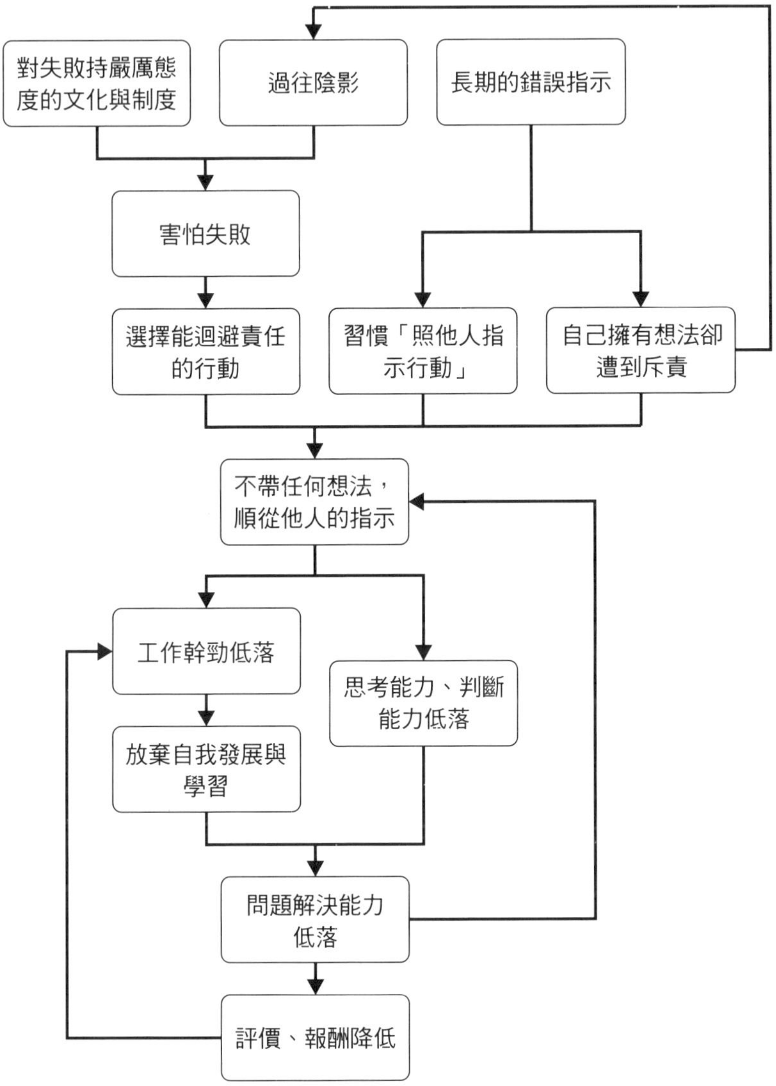

重，**慢慢打造出能接納失敗的組織文化且確立制度**。

當某個組織中的所有措施與工作都順遂如意，這種狀態換句話說，就是可能沒有任何人在挑戰困難的事情。

一定比例的「失敗」本來就會發生，「失敗」之中有著能讓下次「成功」的教訓，而該教訓則能讓個人或組織成長。

不只企業，請各位也要瞭解，當你必須在家庭下什麼指示時，「照我說的做」的指示方法，是一種可能導致嚴重事態的危險方式。如果這種做法成為常態，可說是相當危險的。

「將已採取適當程序的失敗」視為挑戰困難的證明，以「慢慢培養寬容的組織文化並確立制度」為目標。

若長期採取「照我說的做」這樣的指示，就會剝奪接受指示者的想法與思考機會。要讓接受指示者認為事情「與己相關」，而非「與己無關」。

陷阱9　已解決而不自知

妨礙我們從本質面解決問題的陷阱有前述八種分類，不過還有一個「亞種」。陷阱九與「妨礙問題解決的陷阱」的名稱不甚符合，可是實際上陷阱九會耗費無謂的成本，或者讓創新的機會流失，所以我們必須小心留意，避免自己陷入這個狀態。

陷阱九「已解決而不自知」與先前提及的陷阱有一點不同。

前述的陷阱假設狀態為：尚未從本質面解決問題，並依據原因分類。至於這個陷阱則是：**過去碰到的問題已經獲得解決，但是個人或組織沒有察覺，導致耗費不必要的對策成本，或者一直備感壓力**。

雖然希望問題能獲得本質性的解決，但是過去都未能徹底解決完全，所以個人或組織就抱持半放棄的態度，並且未定期確認狀況，只是一直進行對症治療，這種狀態就符合陷阱九的定義。

我已強調許多次，現代是變化劇烈的時代。就算自己本身並無任何改變（雖然這也值得懷疑），也有可能因為周遭環境的變化讓問題獲得解決。

尤其技術成長的進展令人驚異，有些個人或組織只是重新檢視過去做不到的事情並應用現代的技術，結果問題就獲得解決，這並不少見。

已解決而不自知的案例：過於仔細的企劃書檢查

我在從事活動企劃與執行的公司裡工作，大約一年前從同業界的其他公司轉職到現在的公司。

我隸屬的部門裡，主管會仔細檢查活動企劃初步階段所做的企劃。我在從前的公司從未看過如此周密的企劃檢查，還在企劃階段理應不需在意的部分，主管也會指出錯誤並加以批評，所以我必須製作出非常詳盡的企劃書。為了仔細製作，企劃期間有時甚至會長達數個月。

碰到這種狀況的人不只有我，同事為了獲得主管的批准，也在製作企劃書花費相當多的時間。

與其他競爭對手的公司相比，本公司的活動企劃太花時間是事實，也經常造成客戶的困擾。

一個月前，公司下達人事異動的通知，由新的主管上任。

我們遵從一直以來的慣例，提交與從前一樣周詳的企劃書。

新任主管對於過度詳細的企劃書感到驚訝，不過他現階段並沒有打算要改變這個部門的做法，於是他採取正面思考，認為寫得如此仔細是好事。

企劃通過後，一旦進展至活動的準備階段，在企劃階段裡詳細決定好的許多地方都會有變更，每當發生這種情形，就必須進行變更企劃的研討會議。

結果在企劃階段詳細規畫所花的工時與期間，大多都白白浪費了，有時還會不小心把委託的客戶耍得團團轉。

前任主管應該是為了某種理由，才會進行他人認為超乎必要的檢查。

說不定前任主管也只是原封不動地繼承前前任主管的做法。

但是新任主管不一定有想要詳細檢查的理由，他應該只是承接了前任的做法吧。

主管換人的同時，本質性的問題就已獲得解決，但是沒有任何人注意到這件事，如此一來，可能讓大家都處於不幸的狀態。

此例的原因在於人，不過也有頗多同樣的例子是由技術革新所引起。

例如，因為手動作業是一直以來的慣例就不去改變，但現在其實有可以免費使用的APP，或者EXCEL等巨集已可將資料自動化，節省勞力，這在許多職場都能見到。

定期重新檢視自己周遭的環境，確認過去會有的問題現在已經變成什麼樣的狀態，這種做法可說是投資報酬率頗高的行動。

我在書中介紹了會妨礙從本質面解決問題的九種陷阱。

除了本書列舉的陷阱，還有其他能歸類為陷阱的狀況，不過我希望各位先瞭解這九種陷阱。想從本質面解決問題時，若進展停滯不前，請嘗試辨別自己落入了哪一種陷阱。

不清楚症狀起因就貿然開處方箋是一種危險的做法，重要的是先瞭解自身症狀的起因。

下一個章節將介紹各種陷阱的逃脫法。

個人或組織持有的問題，要試著定期重新檢視其周遭環境是否已有變化。說不定問題已經獲得解決了。

Chapter

3

陷阱逃脫法

我在上個章節介紹了「妨礙從本質面解決問題的九種陷阱」，這章節我想要嘗試思考陷阱的應對法，換言之就是「陷阱逃脫法」。

只有一點希望各位留意，就是世界上**幾乎沒有唯一且絕對的解決方法**。有些廣告會使用「只要這樣做就沒問題」的聳動短句，但那只不過是為了增加銷售的手段。對他人有效的方法，不經任何變動對自己一樣有效的情況較為罕見。

當然，**「對某人有效的手段」中內含重要的本質。正確的做法是瞭解本質後，再選擇適合自己狀況與特質的手段**。

此外，並不是沒有適用於大多數人的手段，即便如此，我們也無法保證該手段適合自己。書中開頭提到要小心別養成「追求答案本身」的習慣，因為能夠「重複使用答案」的狀況非常有限。

我在此章節要介紹的內容，嚴格來說比較像是能找到應對法的思考方式，而非應對法本身。

所謂的應對法終究只是範例，希望大家運用後能找到應對法的思考方式，思考出最適合各位的解決方法。

逃脫法1 回歸成一張白紙

倘若不小心陷入「捷徑式思考」，就會在尚未瞭解問題本質的狀態下開始解決問題。另外，也會在不理解行動真正目的的狀態下就展開行動。

由於不瞭解問題本質或行動目的，所以極可能難以從本質面解決問題或採取有意義的行動。即便繼續行動下去，徒勞而終的可能性非常高。

明明很努力地行動，卻一點效果都沒有的時候，請先停下腳步重新思考：「**自己面對的問題到底是什麼？為什麼自己會認為那就是問題所在？**」

要是搞錯戰鬥的對象，那麼不論花費多少時間、耗費多少腦力，當然都不會出現效果。請暫時放下過去的行動過程，試著客觀地重新檢視現在的狀況。

或許這方法會讓人覺得很老套，不過**落入「捷徑式思考」時，讓自己回歸成一張白紙，從零開始重新處理問題會是一種有效的做法**。

「常識」、「權威」或「過往成功經驗」等方法，雖然沒有明確的根據顯示它們適用於解決問題，但一般還是會採用。我們不該透過有色眼鏡看問題，而是要嘗試以正面進攻的方式，整理問題的背景與前提，或者試著弄清楚預定行動的目的。

有些時候，一個與該件事無關的人直接丟出單純的問題，反而會讓人有不錯的發現。倘若一直身在其中，往往會受到固有觀念影響，或不自覺地進行原本不必要的推究揣測等等。另一方面，由於外部人士或外行人不具備那種固有觀念，或者沒有忖度的必要，所以能夠提出直搗核心的問題。

還有一個重要的關鍵，就是要客觀地重新檢視引導出現有判斷的資訊。**也就是要思考「該資訊是事實還是意見」？還有，資訊提供者釋出資訊的意圖為何？**有時我們會受資訊提供者的意圖所影響，因而有了錯誤的印象或見解。

客觀地重新檢視投入的資訊，極力以事實為基礎，從零開始重新審視現狀，藉此或許就能察覺自己掉入「捷徑式思考」的陷阱並由此逃脫。

因「捷徑式思考」而錯認問題本質或丟失行動目的時，試著「讓自己回歸成一張白紙」，從零開始重新處理問題。

嘗試忘卻過去思考的事情與使用的手段，外部人士或外行人的單純提問也有所助益。

同時要客觀地重新審視投入的資訊。

停下腳步、重新來過，看起來像是繞遠路，卻是切確踏實的方法。

逃脫法2　從第三人角度

當發現自己不小心掉入陷阱二「忽視現狀」時，問題早已發生。「忽視現狀」並採取錯誤的行動（或者未採取行動），結果就導致問題發生。

這種狀況是：明明知道自己必須達成的目標是什麼，並且得到了關於現況的資訊，同時也瞭解兩者之間的差異，卻沒能有效活用。

無論該資訊有多麼令自己反感，它的存在都是事實，因此姑且先接受的態度是相當重要的。就算對資訊本身視而不見，也改善不了任何事情，且資訊不受利用就不具價值。

縱使該資訊對自己而言是不愉快的，但那不一定是自己的怠慢或失誤所造成的，所以不需要用防衛的態度去面對它，資訊只不過是呈現現象的一種要素而已。

請嘗試從第三人的角度，冷靜解讀該資訊所呈現出的訊息是什麼。

處理資訊時，必須注意的是辨別「事實」與「意見」。

首先，判斷時，謹記要依據客觀的「事實」去進行。不過有些「事實」也可能是任意斷章取義後的產物。

對於識別後判斷為「意見」的資訊，要先思忖對方為什麼會提出該「意見」，再決定要如何處理。

面對所得到的訊息、以及「預定計畫與實際成果的差異」訊息時，縱使自己感到不悅也要先接受，並以「第三人的角度」思考該資訊呈現出什麼樣的訊息。

逃脫法3　反覆問為什麼

由於「根本原因分析」（RCA, Root Cause Analysis）做得不夠徹底，導致自己並未處理問題的根本原因，而是處理了問題的現象，或是處理了並非根本原因的表層原因。縱使問題乍看已獲得解決，也會馬上復發，這種狀況就是所謂的只做了對症治療。

進行RCA時，時常會使用「反覆問為什麼」的手法，此時必須注意的是：正確地使用語法。

換言之，就是不省略主語、述語、賓語，謹記不可採用曖昧的敘述，並要使用具體的表現方式。

舉例來說，人事部的煩惱是「年輕員工的離職率頗高」，這時直接把「年輕員工的離職率頗高」視為必須解決的問題是不夠周全的。

「年輕員工」的定義可能因人而異，而且也應該和討論這件事的同事確認彼此對「離

職率」的定義是否相同，同時還得說清楚「頗高」到底是多高。

比方說，人事部必須如此定義：「年資三年以內的員工，離職率達百分之二十，希望能將數字降至百分之十以下（前提為離職率已另外定義）。」這時也必須說明「百分之十」這個目標的計算根據等。

然後深入挖掘「年資三年以內的員工，離職率達百分之二十」的理由，徹底思忖為什麼員工進公司不到三年就離職？

例如大致區分離職的理由應為以下三種：「依據自己的意願而離職」、「依據公司的要求而離職（也就是被炒魷魚）」、「本人與公司都不希望如此，因不得已的理由而離職」。

至於依據自己的意願而離職，又分為正面的離職（轉職、創業或留學等）與負面的離職。負面離職的理由形形色色，例如公司可能發生了讓人無法接受的問題，也有可能是剛進公司時聽到的說明，跟實際的工作內容相當不一致。

公司裡有讓人無法接受的問題，也可想到各式各樣的類型。像是與主管、同事之間的人際關係問題，也有工作環境極為差勁的情形。另外還有工作與生活的平衡（work-life balance）不佳，或員工與公司之間的信賴關係已經崩塌，又或者員工無法忍受太過不合理的工作方式。

接著就要思考各別問題為什麼會發生，比方說，人際關係的問題可以想到兩種可能，問題有可能出在年輕員工身上，也有可能是在主管或周遭同事身上。

問題有可能是當事人的抗壓力不足，也有可能是溝通能力不佳。另外，或許主管或周圍同事的溝通能力、指導方式也有問題。

不過，分析不能就此結束。我們不能只是心想「既然是當事人抗壓力或溝通能力的問題，那也無可奈何」，然後就什麼都不做。同樣的，我們也不能認為「既然主管或同事的溝通能力或指導方式不佳，那就無計可施」。

人事部要檢討這些項目：

- 為什麼當初會錄用抗壓力低的新員工？
- 為什麼溝通能力不佳？
- 為什麼主管或同事的指導方式有問題？

這種時候，不建議將某個特定的個人視為理由。前面的案例也提過，將問題歸因於個人，並無法找出正確的對策。

我們要反覆多次地問「為什麼」，直到相同的理由重複出現。多數時候，這個「為什麼」的重複都不足夠。

要徹底進行「根本原因分析」（ＲＣＡ）。

進行ＲＣＡ時，要正確地使用主語、述語、賓語，謹記要使用具體的表達方式。

反覆多次地問「為什麼」（最少要五次）。

逃脫法4　參考專家判斷

這種狀況是對於必須解決的問題，已經瞭解其本質且對現狀有正確的認知，並且對預定計畫與實際成果的差異進行了RCA而得知根本原因，但是在挑選手段時做錯決定，沒有做出最佳的選擇。

如果只是沒有做出最佳選擇，倒也沒那麼糟糕，但是這種狀況有時會衍生出無謂的成本，或者所做的選擇無法根據情況變化適時地做出有彈性的應變，導致必須從零開始重新處理。

重要的是，要從各式各樣的角度、以不同人的眼光來斟酌解決問題的手段，選擇手段時，建議各位一定要應用以下兩個原則：

- 不要只以自己的角度思忖，要嘗試思考主管、更有權力的人或擁有決定權的人會怎麼做，並參考專家的意見。

- 不能僅關注現在的狀況，還要放眼看不遠的未來。此外，不要只考慮功能性需求（functional requirement），也要考量非功能性需求（可靠性、耐用性、性能、安全性等）。

重要的不是自己一個人選擇解決問題的手段，而是選擇正確的手段。試著思考比自己更有權力的人或擁有決定權的人，會做出什麼樣的判斷。參考專家的意見，同時也要確認非功能性需求，以及將來可能需要的要件。

逃脫法5　馬上確認現狀

此情況為已經理解問題的本質，並經過毫無疏漏的思考程序，甚至執行了對策，卻沒有確認結果就放置不管。

執行對策後，大多都會有某種程度的效果，但是不一定能完全解決問題。此外還有一種可能是，雖然解決了問題的一部分，卻演變出其他種類的新問題。

應對法很簡單，就是馬上確認現況。

就算現在確認已經太遲，也比不確認要好得太多。

如果執行對策的行動已經是很久之前的事，與其說確認的意義在於檢查該行動的結果，不如說是掌握現狀，不過無論如何，都必須重新掌握現在這個時間點的問題。由於已經過了一段時間，問題本身也可能已經有所變化。

所謂掌握現狀，就是掌握第一章介紹的「專案管理的基本循環」圖中「實際成果」。能夠掌握「企劃」與「實際成果」，就能掌握兩者之間的差異。造成預定計畫與實際成果產生差異的原因，就是我們要實施對策的對象。

另外，實施對策之後，要確認效果是否符合期待。倘若成效不足，就要再次分析預定計畫與實際成果的差異，更進一步地研討對策或措施。持續進行此循環，就能讓專案管理變得健全。

採取行動後一定要確認狀況。

無法正確掌握現狀，就無法準確解決問題。

採取行動後，問題可能有所變化，所以延續之前的做法不一定是最佳選擇。建議確認狀況，思考下一個方法。

逃脫法6　觀察自己的狀態

只要是人類，就必然有情緒起伏，而情緒起伏是會帶來負面影響的。**我們難以消除情緒起伏，但是可以將情緒的影響降到最低**。為此可以採取以下四個步驟：

步驟1：察覺自己不是處於冷靜的狀態
步驟2：發現自己並不冷靜後，就不進行判斷
步驟3：讓自己恢復冷靜
步驟4：確認自己處於冷靜的狀態

在非冷靜狀態下所做的判斷，並非總是錯誤。但是情緒劇烈起伏時，做出偏頗判斷的機率會升高。

此外，比起問題的本質，我們會更執著於觸動自己情緒的事物，錯判問題本質的可能性就會增加。越是重要的判斷，就越建議不要在情緒有起伏的時候進行。

因此，重要的是瞭解自己是否處於冷靜的狀態。只要平常時時注意自己是冷靜還是不冷靜，應該就能輕鬆判斷狀態。另外，自問「現在冷靜與否」的這個行為，本身就能幫助控制情緒起伏。

有問題的是：情緒起伏其實尚未消弭，卻自以為已經平復而下了重要的判斷。此時，就要試著問身邊的人「自己是否冷靜」（平時就密切往來的人尤為理想）。

首先，「要充分理解自己當下冷靜與否」是很重要的事。

判斷自己處於非冷靜狀態時，就要進行下一個步驟：「讓自己恢復冷靜」。這樣敘述看起來很輕鬆，其實頗為困難。有時是怒火無法熄滅，有時則是沮喪無法恢復、悲傷無法復原，狀況形形色色。

我認為適用於所有人的方法甚少，有無成效因人而異，我來介紹一下我自己的做法。

如果非得要定義，我想我是一個血氣方剛的人，但是我意外地也有細膩敏感之處，只是對我有這種印象的人很少。我有時也會注意到「沒發現還比較輕鬆」的事情，因而受到傷害。

不過我覺得自己是情緒恢復得很快的人，我認為自己之所以恢復得快，是因為運用了自己提倡的「幸福思考」。

所謂「幸福思考」是一種思考習慣，判斷事物時，會優先以自己與重要之人的幸福為主，並以此為前提進行思考。另外，能決定自己幸福與否的人只有自己。留意觀察自己感到幸福時是什麼狀態，這也是「幸福思考」的要素之一。

我在怒氣攻心或沮喪低潮時，總是會問自己：「**現在憤怒（或悲傷、沮喪）的情緒似乎支配了你。你覺得這種狀態幸福嗎？是否要讓這個狀態持續下去，全由你做主。你打算怎麼做？**」

我當然想要一直保持幸福的心情，受憤怒、沮喪或悲傷所支配的狀態，與理想的狀態相距甚遠。不用說也知道，該選擇的是更接近幸福狀態的那一邊。

這樣問自己，才能更明確地做出擺脫負面狀態的選擇。就算碰到的事情會讓人覺得「陷入這種狀態也是無可奈何」，但那可能是因為自己不採取行動，才會一直處於該狀態，根本就是自己選擇了陷入，卻沒有自覺。

另外，**客觀地檢視自己、觀察自己，就能將自身抱持的憤怒或悲傷情緒與自己切割開來**。若情緒與自己同為一個整體，便難以控制情緒，不過要是客觀看待情緒並觀察，就能把自己與情緒分割開來，如此就能夠控制情緒。

重要的是能夠掌握「自己遭憤怒情緒支配」的狀況，這個時候的目的在於客觀檢視，沒有必要進行原因分析、賦予意義或解釋。**首先要客觀檢視狀況並加以觀察，請不要忘記目的在於不任由情緒擺布或支配**。

要藉由「幸福思考」與「客觀檢視、觀察自己的狀況」，將情緒與自己切割開來。當自己與情緒同為一個整體的狀態時，要冷靜頗為困難，不過將兩者分開後，控制自己就會變得容易。要自己選擇脫離負面的狀況。

進一步問「自己為何處於這種狀態之中」

完成上面步驟後，我認為此時已經取回冷靜的可能性很高，不過如果還是有什麼放不下的事情，建議可以更進一步地對自己提問。

接下來必須問自己：「**為了脫離這個狀態，要不要試著思考自己為什麼會處於這種狀態之中？**」

解開憤怒與沮喪的理由後，原因可能一個個都意外地是小事。

像進行ＲＣＡ那樣持續地問「為什麼」，就能明確得知生氣或氣餒的各個理由。然後大多數時候，自己都會意識到：「為什麼我會因為這種小事而失去冷靜？」

其實只要瞭解我們失去冷靜的機制，就能明白那一個個意外地都很小的理由。

只因為一件事就使怒氣達到最高點是很罕見的情況，不過若平時壓力就一點一滴地累積，使人處於憤怒接近沸點的狀態，可能一點小事都會成為怒意鼎沸的轉變關鍵。使之達到沸點的誘因，並不是讓零度一口氣上升至一百度。

假設平常就壓力頗多而焦躁煩悶的狀況為八十度左右的溫度，那麼再上升二十度就會達到沸點。若素日生活並無壓力，溫度保持在二十度左右的話，即便發生一樣的事情，也只會上升至四十度。

換言之，導致達到沸點的原因多半不是嚴重的事，只要冷靜審視，就能明白那些都不是大事。

而且思考那些「小事」為何會發生，也有抑制亢奮情緒的效果。我們不只是要單看發生的現象，還要嘗試思忖背景。開始這樣思考後，注意力就轉往自己情緒以外的地方，因此在抑制高漲情緒的同時，還會發現導致情緒激昂的是自己的誤解或錯覺也說不定。

當明白讓自己情緒激動的事情為何會發生後，或許就能針對該原因採取必要的處置。

我們無法改變過去，已經發生的事實也不會有所變易。不過我認為自己一直接受其影響或不受影響，都會因自身想法與行動而改變。不用說大家也知道，比起把精力花在無法改變的事情上，把精力灌注在可以改變的事情上才是聰明的做法。

最後的步驟是「確認自己處於冷靜狀態」，與最初的步驟相反。因為只要確認自己情緒冷靜，就能夠斷定自己可以重返進行重要判斷的模式。

這裡介紹的是我自己使用的做法，所以不確定是否對各位讀者面對的所有狀況都有效。請大家把握住若干原則，嘗試摸索對自己有效的方法。

逃脫法7　意識到偏見

由於這是大腦習慣所造成的陷阱，若不是非常留意，就會一不小心便落入其中，要事前預防也相當困難。

另一方面，**只要事先明白「腦的習慣」，就能重新審視自己打算下的判斷是否已受影響**。

人類偏好簡單易懂的敘述或描述，有些事情只要仔細地重新審視，就能明白其中不合理的地方，但我們只要一不留心，還是會糊里糊塗地接受。前面介紹的正、負面語感話語，也是依據同樣的機制在腦中自動連結。另一方面，人往往會忽略母群體大小與機率的重要性，這些要素時常被簡單好懂的敘述或描述所覆蓋。事實上，也有人利用這種習慣進行資訊操控。

前面章節已介紹的「無意識偏見」、「腦的習慣」，以及行為經濟學（behavioral

economics）裡的各種偏見等，都是我們必須要有意識地去瞭解的狀況，並確認自己的判斷有沒有因而受到不當影響，這樣的態度相當重要。

人類的「腦的習慣」難以預防。

先知道「腦的習慣」包含了什麼樣的習慣模式，自己又有哪些習慣，就能重新審視自己所下的判斷是否已落入陷阱。

逃脫法8　有當事人意識

我很難想像閱讀這本書的各位會陷入「與己無關症候群」，正是因為各位擁有問題意識，才會拿起這本書。

只是我也無法否定各位在面對某些特定事情時，「與己無關症候群」還是有可能發生。或許有人抱持著「面對嚴重的問題，對於該問題以外的事情全都無力思考」也說不定。

的確，如果這個嚴重的問題真的重大而緊要，必須優先處理，就不必將力量灌注在該問題以外的事情上。

但是如果情況並非如此，自己卻無法對某件特定的事情擁有當事人意識，只是照著他人的命令處理眼前事情，處於應付了事的狀態，就還有改善的餘地。

只想著處理眼前的問題，或者不思考行動的理由，只是按照指示做事，這樣或許可以「處理」事情，但是無法學到東西，如此一來，就無法感受到工作的樂趣與成就感吧。

對其他事情都抱有高度的問題意識，不會認為事情與己無關的人，卻只有在面對某件特定事情時會陷入「與己無關症候群」，其中必定有理由，相信本人應該也意識到「再這樣下去不行」。

在這種時候確實進行ＲＣＡ會有成效，不要因「不知道為什麼，就是無法產生當事人意識」就停止努力，要深入探討原因。

認為任何事情都與己無關、只想逃避眼前不愉快的人，是無法進行ＲＣＡ的；只有在面對特定事情時才會陷入「與己無關症候群」的人，則可以進行。

接下來要介紹的是當自己的部下對什麼事都有「與己無關症候群」的處理法。我認為這是極為棘手的狀況。

不得不注意的是，對方是否真的「對所有事情」都如此。

時常有人跟我抱怨，公司分配給自己部門的新人只會做他人交代的事情，不會自行思考並行動。

這種狀況，至少可以說新人可能在職場裡陷入了「與己無關症候群」吧。不過，若要斷定新人對「所有事情」都擁有「與己無關症候群」的話，那還太早了。雖然新人在職場上認為每件事都與己無關，不打算擁有當事人意識，但是說不定私下的生活裡，他都自發且積極地抱持當事人意識。

擅自斷定新人「對所有事情」都如此，等同忽視「事實或許不是這樣」的可能性，直接判斷新人「不可救藥」。

這種貼標籤的行為，可能會讓新人喪失幹勁，破壞主管與部下之間的信賴關係。首先必須確認的事情為，對方是對「所有事情」都會陷入「與己無關症候群」，還是只有「在職場」如此。

我認為大多數的狀況都是「在職場」，雖然對方或許在「職場」與「家庭」兩邊都會產生「與己無關症候群」，但是除此之外的場合有可能不會產生，例如跟學生時期的朋友在一起的時候。

換言之，找出對策的關鍵在於是否知道對方未陷入「與己無關症候群」的狀態是什麼樣子。知道的話，就可以比較當事人陷入與未陷入「與己無關症候群」時的狀態。

我想應該沒有人會希望自己處於不幸福的狀態，當對方自行選擇在並不算短的工作時間裡處於不幸福狀態時，我們就必須查出其中理由。

弊病或許來自「照我說的做」

不少人在職場上沒有當事人意識，就只是冷淡地執行交辦事項。為何會發生這樣的狀況？接下來的敘述只是例子，實際上會因個人價值觀與各別狀況而異，請多加注意。

此狀況的假說是：「只想照指示做就好」的行動源自當事人認為工作不重要，不想將精力灌注在上面，或不想因此而疲憊的想法。

另外，過去的痛苦經驗可能也推了一把。**如果當事人曾經出自善意地自行思考，並採取了某個行動，卻遭到斥責或否定，這樣的經驗就有可能塑造出「別多作思考，按照指示做」的行為模式。**

記住，「行動的理由」並不是「不必瞭解的事」，而是「非得瞭解的事」。

小時候雙親曾說「照我說的做」並嚴厲斥責自己；學校老師對自己說「你為什麼不聽老師的話」；在職場則有主管說「你不必思考多餘的事，照指示做就好」，這些經驗會塑造出「只要依照指示做即可」與「不可以做指示以外的事情」這樣的思考與行為模式。然而還是要去深究行動背後的理由才行。

要你戒菸，所以剪碎你的香菸！

雖然話題會稍有改變，不過我還是想要說說我讀幼稚園時候的事。如果要講述當時的故事，就必須先聊聊我過世的父親，所以我要稍微介紹一下他。

父親從前雖然在日本的公司工作，卻擁有從當時看來相當先進的思考方式，他是個重視教育的人。他從以前就告訴我「思考不要侷限於日本」，我大學畢業後，進入了當時日本知名度並不高的外商顧問公司，那時父親很替我高興。

相對的，父親也有昭和頑固老爹的一面，打罵教育是一定有的。尤其我鬧彆扭或不老實的時候，父親都會嚴厲地責備我。我認為父親對於身為長男的我特別嚴格，小時候我對父親既有尊敬之情，也有畏懼之心。

父親（與母親）為我打造教育的基礎，基礎之上再堆積了我在學校學到的事物，以及我在埃森哲獲得的經驗，要說這些構成了我本人也不為過。

順帶一提，母親給我的印象是：總是和順地待在父親身後的「溫柔母親」。不過當我隨著自己年紀增長、開始站在為人父母的立場後，才察覺母親擁有不可思議的力量與堅強，讓我感到驚訝與尊敬。

接下來，我要講述我幼稚園時的事，當時電視上有個節目說吸菸對身體不好。電視播了吸菸者與非吸菸者的肺部模型畫面，年幼單純的我也強烈地覺得「吸菸不利健康」。

當時父親的菸癮很大，每天似乎都要抽五盒共一百枝的香菸。從前我的嬰兒床四周都被香菸煙霧與麻將洗牌聲所環繞，而我不知為何很厭惡香菸、卻喜愛麻將。

先不管這件事，當時還在讀幼稚園的我認為「父親在做對健康不好的事」，於是便展開了小小的作戰行動。

我前往存放父親香菸的儲藏室，用母親的裁縫剪刀把一整條香菸全都剪碎。依幼稚園小孩的想法，只會覺得錯在香菸，而不是吸菸的父親。

當然，父親怒不可遏地把我揍飛，他認為我是在惡作劇。

我用笨拙的話語，試圖解釋吸菸對身體不好，但父親應該覺得我不過是在找藉口。或許我當時看起來沒有要道歉的意思，使父親更加地憤怒。

那時的我每當犯錯，不論被罵還是被打都能全然接受，不會覺得父親討厭我，可是我記得那次父親的誤會讓我很不甘心。

過了不久，我又進行跟上次一樣的作戰行動。從父親的角度來看，自己不久之前才嚴懲過兒子，兒子卻又故技重施。父親再怎麼遲鈍，看到這樣的狀況也會思考：「說不定這小子真的腦袋有問題。不過……也許他是想要我戒菸。」

後來父親知道我是為了要他戒菸，才進行這樣的作戰行動。他說：「抱歉之前打了你，爸爸會戒菸的。」

在那之後，父親就幾乎完全戒菸了。正確來說，他是戒掉捲菸、改抽菸斗，最後變得幾乎不抽。

這事件不過是個契機，說不定父親自己剛好也想要戒菸，但是在我心裡，我認為是這個事件促使父親戒菸。

如果那時父親再次嚴厲斥責「小孩子不必有這些多餘的擔心，給我閉嘴」，那麼我當時或許會認為「擔心父母的健康是不必要的事情」。

順帶一提，父親當時有確實地教導我，破壞具有相當價值的物品，這樣的行為本身並不正確。另外父親也對我說明，吸菸這件事的原因是出在人，而不是香菸。

由於父親跟我約好要戒菸，所以我當時毫無障礙地接受了他的說明。後來我心想，就算不剪碎香菸，自己或許也可以把想法傳達給父親。

不可完全否定出自善意的想法，這句話就此銘刻在我的心上。

倘若「與己無關症候群」變成習慣，就會產生巨大且嚴重的副作用。如果感覺自己或周遭的人陷入這種情況，就要致力於早日從中脫離。

職場、學校或家庭內的錯誤指示一旦積累多了，便會成為此症候群的原因，所以要多加注意。

逃脫法9 周圍是否改變

發現自己落入「已解決而不自知」陷阱時，問題理應已經獲得解決，所以這個陷阱的應對法與其他陷阱不同，重要的是察覺的方式。

為了避免落入「已解決而不自知」的陷阱，要致力於定期觀察自我與周圍的狀況。有時即使自己本身沒有變化，問題也會因周遭環境改變而獲得解決，問題本身也可能產生變化，所以我們無法保證過往問題的對策是最適合現在的選擇。

從很久以前就一直在執行的對策，其事情經過不明，執行的理由也無法令人全面信任。試著重新考慮是否該將成本（不只金錢，時間與心理負擔也包含在內）花費在這樣的對策上。這樣的考量會是具有價值的行動。

此外，在變化劇烈的領域，例如身處於資訊科技（information technology）相關領域的人，要定期重新審視狀況，若發生了新的變化，就要思考會產生什麼樣的影響，並參考海外、其他公司、其他業界的行動等等。

為以防萬一，我要提醒各位，我不是建議各位直接模仿其他公司或業界所做的事，那樣做就是掉入陷阱一的「捷徑式思考」。

而是要思考其他公司或業界的行動，為什麼與自己公司做的事情迥異，這會是有用的做法。

定期觀察自己與周遭的狀況。

即使自己沒有改變，也可能因周遭環境的變化讓問題獲得解決，或是問題本身產生了變化。

Chapter

4

鍛鍊自己避免落入陷阱的能力

前面介紹了妨礙從本質面解決問題的陷阱，以及落入各別陷阱時的逃脫法。

接下來要介紹的是能磨練「避免落入陷阱之能力」的方法，由於篇幅有限，本書只能介紹一種案例，希望各位能理解其中思維，並使用適合自己的方法。

鍛鍊1　磨練設想力：連下一步都考慮到

前面介紹的「捷徑式思考」有各式各樣的模式，其共通點就是跳過了「自行思考」的過程。接著我要介紹能避免落入「捷徑式思考」的鍛鍊法。

「捷徑式思考」的狀況是，不用自己的頭腦確實地思考問題本質或行動目的，毫不懷疑地聽從世間的一般說法，或者直接套用過往經驗，不經思慮就下判斷。

為什麼人會跳過思考？原因有各種可能，不過我認為主要的原因在於**馬上就想知道答案、過度追求答案本身，以及欠缺設想力**。

過度追求答案本身的傾向，先前已提過，所以在此我想要談談**「設想力」**的缺乏。

我們面對事物時，會判斷該事物的重要性。當然，我們會對自己認為重要的事情灌注精力；對於無所謂的事情則不花費力氣。

判斷重要與否的一大要素是，成功時自己能得到多好的回報；失敗時又會有多糟糕的狀況。思考這些事情的能力，我稱作「設想力」。

成功與失敗時的差距越大，我們就越會認為自己非得認真思考不可。

比起成功時的好處與利益，腦的習慣往往會讓我們更加高估失敗時的損害與損失。

能設想成功（最佳狀況）與失敗（最糟狀況）後果的能力相當重要，在一些罕見的情況下，人所設想的最佳狀況可能會比實際上的還要不好；人所設想的最糟狀況，可能會比實際上的要更好。不過以認真思考的誘因而言，這些都不成問題。因為思考後，理應能清楚得知更接近實際情況的最佳與最糟狀況。

理想的狀態是：最佳與最糟狀況都思考周全，沒有預料之外的狀況。不過我認為實際上難以達成。

■ 缺乏設想力所引起的「捷徑式思考」

設想範圍的大小會成為「思考」的誘因。如果範圍大，我們認為理應必須自行思考。
倘若缺乏設想力，設想出的範圍就會過小，這使得我們認為「不思考也沒差」。

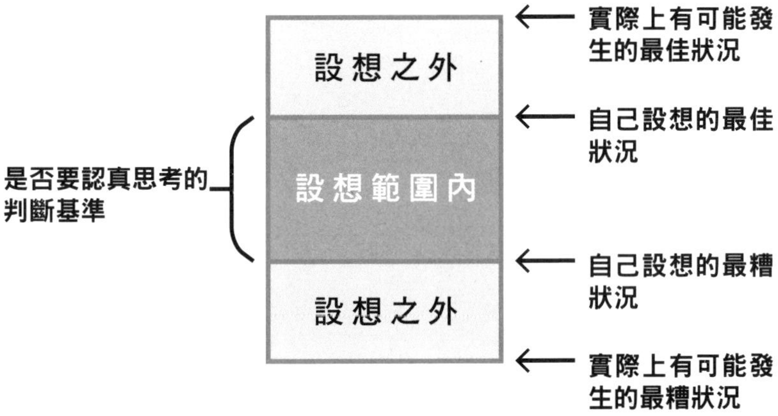

只要能先從「嘗試思考最佳與最糟狀況」的階段起步即可，當自己覺得設想中的最佳與最糟狀況幾乎沒什麼差別，也就是不論成功或失敗都沒有差別的時候，我們就會判斷沒有思考的必要。另外，有些時候也只能想出最佳或最糟狀況（大多時候都是只想得出最佳狀況）。

由於只想得出最佳狀況，所以最佳與最糟狀況之間的差距為零。

這樣會讓人覺得思考的成效比思考成本小，所以就跳過思考，此種狀況就是俗話說的「覺得麻煩」。

若不注意，這些判斷就會一瞬間進行完畢。這樣的判斷可能導致重大的失誤：沒有思考本來必須思考的事情。

面對事物時，只要比平常多花一點點時間，針對現在腦中所想的最佳與最糟狀況、思考未來的可能性，這樣就會出現劇烈的變化。

如果自己對於所設想的最佳與最糟狀況，能夠預想出將來可能依次發生的幾個狀況，則最為理想，不過我認為光是預想出一個狀況都會出現轉變。

換言之，**不只要思考「現在」的這種短期狀況，還要延長時間序列，嘗試思考長期狀況會是如何**。

有些事情從短期看來只是單純花費成本，但是用長期的眼光來看卻是預先投資。將時間序列從「現在」改為未來，就能讓判斷大有變化。

喝咖啡的最佳與最糟狀況

舉個例子，你打算一邊工作一邊喝咖啡，所以想要把盛得滿滿的咖啡杯端到辦公桌上。

最佳狀況是自己能在工作的同時，好好享受咖啡的美味，視情況說不定還能讓工作有所進展。

另一方面，最糟狀況為何？可能在飲用之前，不小心把咖啡弄倒在桌上，導致電腦損壞，或是讓重要的文件沾滿咖啡（也有可能燙傷同事，或者咖啡淋到地板上的電源設備，導致整層樓停電等，以及其他可能）。

如果不小心弄壞電腦，就無法做接下來的工作，說不定還需要賠償，或者導致重要的檔案遺失。倘若重要的文件沾滿咖啡，最糟可能導致無法簽約，或者產生重大的損失。

除了設想到打翻咖啡的可能性，還要考慮到打翻後的下一個狀況，如此一來，自己的行動應該就會有所改變。比方說，自己應該會採取這樣的行動：不在辦公桌上喝咖啡，或者就算要喝，也會先把電腦跟重要文件收好，並確認四周沒有電源相關物品等。

選擇前往重要會議場所的路徑

假設自己明天要參加重要的會議，例如價值數億日圓的工作提案簡報。請各位嘗試思考自己要如何前往該場所，設想各式各樣的狀況並思考路徑。現在將最有效率的電車路線作為主要方案，萬一電車誤點或停駛，自己該採取什麼樣的手段？請各位試著評估各種狀況。

最糟的狀況當然是趕不上會議，失去價值數億日圓的企劃案簡報機會。

我想最佳的狀況，就是能夠以便宜的路徑趕上會議；次佳的狀況則是雖然花了高昂的費用，但是來得及參加會議。若是搭乘計程車或公車，就必須設想到交通堵塞的狀況。

我們要考慮到電車誤點的可能性再設定出門時間，並事先想好路徑的替代方案。比較最佳與最糟的狀況後，各位應該就能感受到這種做法的重要性吧？

欠缺設想力為「捷徑式思考」的原因之一。

運用設想力以重新認知「思考的價值」。

面對事物時，至少要花一點時間思考最佳與最糟狀況，並且養成連下一步都考慮到的習慣。

鍛鍊2　懷疑的態度：什麼條件下無效

還有一種常見的錯誤，是不經深思就把過往成功經驗、其他公司的成功案例、世人所謂的「常識」等做法，原封不動地套用在自己公司。

本來應該要先分析：為什麼自己過去用該方法會成功；為什麼其他公司用了該方法會成功；為什麼世人會把該方法視為常識，分析完後再套用。

世上沒有在任何條件下都能順利解決問題的萬能方法，我們必須考慮到「任何解決方法都是在某個特定的條件下才會有效」，未達條件則無效，條件涉及的範圍是廣泛或狹小也各有差異。

很多公司參考其他公司的成功案例，直接套用其解決方法卻遭受挫折，這是因為該解決方法在那間公司具備的條件下有效，但是自己的公司並沒有備齊相同的條件。例如員工錄用基準、進修內容或公司形成的企業文化等條件不甚相同，所以才會如此。

這樣說明不論是誰都能理解，但是實際上我們不會經過太多思考就機械式地認定解決方法。這是為什麼呢？

其中一個理由是，我們往往深信過去選擇的解決方法會一直有效下去。為了不落入這種狀況，我們要培養以下的習慣：**思考什麼樣的條件，會讓自己選擇的解決方法無法發揮效果（或反向思考）**。

也就是要自己主動思考：在什麼樣的條件下，自己選擇的解決方法會沒有效果，如此就能避免自己機械式地套用過往的解決方法。各位可以試著將這種做法用在商業領域以外的地方。

舉例來說，自己走在街上時，在車流量極小的路上看到紅綠燈。這時就要思考：「為什麼這種地方會有紅綠燈？什麼樣的條件，會讓這個紅綠燈具備設置在此的意義？」

另一個理由是：我們在信心不堅定時，會傾向於聽從自己以外的多數人意見，日本人的這種傾向尤其強烈。

我們應該要知道，在這個多元化的時代裡，**所有人都擁有一樣意見是很不自然的**。當所有人的立場各異，有著各式各樣的利害關係，卻又都支持同樣的意見，這種時候最好要思考有哪裡不對勁，只因為大家都贊成就選擇聽從，也是有問題的做法。

用懷疑的態度檢視：日常通勤

請試著思考，只要具備哪些條件，自己就不能選用平時的通勤路線。

例如這種狀況：該路線或時段的電車人潮過多，如果搭乘三十分鐘以上就會消耗大量體力，導致自己無法好好工作；還有一種狀況是火車開始常態性誤點，難以按照時刻表行駛運行，讓人無法預測抵達時間；或者治安極度惡劣，使得搭乘電車本身就有風險；我認為可以設想出各式各樣的條件。

接著，請試著把各條件拿來與現狀進行比較，說不定現狀已經是那種狀態了。如果現在已經陷入那樣的狀況，就代表自己必須改變路線。

也許錯開時間，問題就能獲得改善。

用懷疑的態度檢視：午餐時間的利用方式

有些公司相對有彈性，可以自己決定午餐時間；有些則明確地規定幾點至幾點，我們也必須確認那些規定到底可不可以更改。

雖說是午餐時間，也不是一定只能用在午餐上。請試著思考自己現在的做法，在什麼條件下會無法採用。比較容易想像的是，工作繁忙而沒時間休息的狀態。

不過，我認為除此之外還有各式各樣的狀況。各位要不要借此機會，嘗試思考自己的午餐時間是如何度過的呢？

世上沒有在任何條件下都能有效的解決方法。

思考什麼樣的條件，會讓自己選擇的解決方法毫無效果，並養成習慣。

「只因為大家都贊成，自己就贊成」是有問題的做法。

鍛鍊3　換位思考：站在他人的立場觀點

再怎麼平和寬厚又好相處的人，也會有自己不擅長相處的對象。有人會說出令人無法理解的話，或是做出讓人沒有辦法理解的行動。雖然我們可以完全否定那樣的人，或是持續避開對方，但是就算一直如此下去，狀況也不會有所改善。

在這種時候，各位要不要試著站在對方的立場上換位思考？每一個人都是相異的個體，立場與價值觀也不一樣。縱使自己覺得某個人做出的事很離譜，但也許當自己站在對方的立場上，就會覺得那也是無可奈何的。

我們要如何才能站在對方的立場上換位思考？首先我們要嘗試思考那個人負責的工作範圍、權限、工作煩惱等相關訊息。不僅如此，我們還要考慮到那個人的年齡與經歷，還有已知的家庭狀況（正在辛苦育兒、苦於照護，或者才剛新婚等）等個人訊息。

喜好或興趣等，或許都有思考的意義。我們對於自己沒有好感的對象，往往不瞭解到令人意外的程度。或許這就是一種惡性循環：因為不瞭解，才無法理解對方；因為無法理解，才不擅長跟對方相處。

另外，這個方法也能用在沒有直接見過面的人身上。舉個例子，有一位自己沒有見過的事業群經理，態度強硬地開始進行大規模的成本削減。

不瞭解原因的時候，或許只會感到憤怒。但是自己若是先瞭解事業群經理的立場，針對該項措施進行思考，至少就不會只顧著生氣吧。

對原因毫無知悉，光是氣憤並對對方產生壞印象，不僅不利於精神衛生，也無法從中學習。**站在對方的立場上，從他的角度去模擬決策過程，能夠讓自己學到很多。**

有一件事一定要注意，就是**思考時要把「站在自己的立場」，以及「站在他人的立場」這兩者區分清楚**。立場若是不夠分明，搞不清楚自己是站在誰的立場上思考，就有可能讓問題平白無故地變得更複雜。

請記得要明確地區分思考的立場。

此外，我們還可以進行「換位思考」的應用版，對於跟自己沒有直接關聯的事情，也以當事人的觀點去思考，藉此能讓自己覺得事情「與己相關」。透過這種做法，就連對過去毫不關心的事情，都能產生當事人意識並認真以待。

漠不關心會扼殺進步，雖然此看法涉及的層面頗廣，不過我覺得在這個時代裡蔓延的漠不關心，最終將會奪走人們的活力。我期待透過推廣「與己相關」的精神，改善漠不關心的蔓延狀況。

換位思考，就是以他人的立場與觀點重新思量事物，這能讓自己獲益良多並得以理解他人。

縱使是跟自己沒有直接關聯的事情，也能透過「換位思考」讓自己覺得事情「與己相關」，甚至還能產生「當事人意識」。

鍛鍊4 分辨資訊傳達者的意圖：意見或事實

在現代，獲取資訊的難度比從前要低得非常多。另一方面，氾濫的資訊可說是良莠不齊。

不論是事實、謊言或錯誤，通通參雜其中。裡頭既有單純的錯誤，也有假新聞這類帶有惡意的錯誤資訊。換言之，資訊的識別與活用變得更為重要。

在此我想要介紹能鍛鍊資訊識別力的三種方法。

第一個方法是**分辨事實與意見**，思考事物的時候，一定要先以事實為根據。麻煩的是，有些意見會偽裝成事實。

本來必須傳達事實的新聞節目，不知道是不是置入了電視台、導演還是贊助商的思想，時常讓人覺得節目報導了偏頗的意見。無論要透過電視、網路新聞、報紙或週刊雜誌都可以，請試著培養分辨事實與意見的習慣。

也有一些狀況是真實與虛構交織，或者事實之中穿插了推測，要辨別哪些部分是事實、哪些是意見，並不是一件簡單的事。

第二個方法跟他人的意見有關，也就是識別主觀性表達、情緒性表達、評價表達的習慣。第一個方法是識別事實與意見，第二個則是識別與意見有關的表達方式，嘗試**思考他人為什麼會使用該表達方式**。

我認為比較好的做法是：不只單純地辨別對方是在憤怒或難過，我們要瞭解對方為什麼表現出憤怒或難過（或者對方為什麼裝得很憤怒或難過）。

尤其藝人在電視節目上發言時，有可能是受到指示而不是依據自己的想法說話。試著思考是誰要求藝人如此發言，不也很有趣嗎？

第三個方法是**識別事實**，縱使他人只傳達事實且不使用主觀性的表達方式，也不代表該報導必定客觀。

即使不用露骨的方式表達意見，也可以選擇要釋出哪些資訊，藉此控制傳達的訊息。若自己對某個新聞存疑，就先確認其他的新聞來源，試著掌握新聞的全貌。然後思考看看，為什麼該報導只截取了某個特定的部分。

我在「捷徑式思考」的例子裡，使用了三種不同的圖表去表現日本ＧＤＰ。就算是完全相同的資料，也可以透過不同的表現方式來改變想要傳達的訊息。

不論是意見或事實，培養「分辨資訊傳達者意圖」的習慣都是非常重要的事。

我們要識別事實與意見，並且不論該資訊為意見還是事實，都要思考為什麼資訊傳達者要採用那樣的表現方式，這樣的思考習慣能鍛鍊資訊識別力。

鍛鍊5 嘗試視覺化：彌補語言的弱點

我在前面曾提及語言是強力的武器，另一方面，我們不可以忘記**語言的表達能力有其極限**。要表達某一種行動時，有各式各樣的表達方式可以使用，其中也有幾種表達方式可能讓某些人無法順利理解。

我是個相當笨拙的人，大部分的事情都無法輕鬆順利地學到，幾乎沒有自然而然就學會的經驗。

世界上有許多父母都很積極地教育小孩，不過曾經特別指導小孩要如何盪鞦韆的父母應該很罕見，就像我還在讀幼稚園的時候並不會盪鞦韆。

我學習事物的時候，要先瞭解理論，思考該怎麼做才能學會，經過試誤學習後，才總算能和一般人一樣學會。我在學會之前要花很多時間，不過相對的，我一旦學會就幾乎不會忘記。而且，由於我是已經先用腦袋瞭解了理論，才去思考學習該事物的方法，所以我相對擅長把做法傳授給他人。或許是因為這樣的特質，讓我從以前就覺得無論要做什麼，都必須蒐集資料並試誤學習。

蒐集資料時，我有時會有一種感受，就是不同教練的教法可是天差地別。我小時候所學的大多事物，都是由父親擔任我的教練。父親的指導方式是強迫我按照他的方式做，我做不到的話，他就會進行打罵教育，然後父親總是要求我思考為什麼做不到。

我在小學四年級時，因為不會後翻上單槓的動作而苦惱。那時父親說：「你就是因為手臂力氣小，才沒辦法把身體拉靠近單槓。」從前我就一直聽說我非常快就學會走路，爬行的時期很短暫，所以手臂力氣小。也是因為如此，我才會從幼稚園開始就被逼著每晚做伏地挺身。

我記得當時為了學會後翻上單槓，我更加努力地做伏地挺身。

有一次，我看見同學非常輕鬆地後翻上單槓才覺察：「那傢伙的體格雖然跟我差不多，但是他的臂力跟腳的力氣應該比我小才對，然而他卻輕輕鬆鬆地做到，說不定手臂不用力也能做到。」於是我嘗試向擅長後翻上單槓的同學請教訣竅，然後令人驚訝的是大家說的都不一樣。

共通的說法只有「不需要臂力」，之前指導我的教練顯然是不對的人選。不過，就算我想要把所有同學的建議都融合在一起運用也沒辦法，要顧及的訣竅太多，笨手笨腳的我是做不到的。

因此我最後實踐的是自己最有可能做到的建議，就是「腳要盡量用力往自己面前踢」。

當時我對腳的力氣有自信，我認為如果是這個建議，應該就做得到。之後我反覆進行試誤學習，並逐漸瞭解到快要成功與完全不行時的差異。

然後，我成功做出後翻上單槓的時刻終於到來了。完全不需要力氣，只要下半身的重量移到面前，身體自然就轉圈了。

小學生不懂其原理是「只要將身體重心移至比單槓要前面的位置即可」，不過我的同學其實都是想傳達與該原理同樣的想法，他們用各式各樣的表達方式告訴我他們的經驗。只是小學生的表達能力有限，這讓他們各自的表達顯得笨拙。

視覺化能補全不完善的資訊

成為大人後，我在高爾夫球上也有同樣的發現。高爾夫球最為重要的是，球桿以正確角度與速度打在球的正確位置上，姿勢不過是讓該目的更容易達成的手段。

然而有些指導者卻會詳細指示準備擊球時的身體位置，以及起桿時的手肘位置或手腕姿勢。另外，在球桿擊球的瞬間讓彎曲桿身恢復原有狀態的方法也眾說紛紜。有人說要曲腕，也有人說不要曲腕，這當然會讓人感到混亂。明明目的相同，表現方式卻如此不同，令人驚訝。

不過這也是理所當然的，因為大多數指導者都是從自身經驗得出適合自己肌力、柔軟度與桿頭速度的方法，並以此作為指導依據。所以與其他指導者擁有不同的表現方式，就某種意義來說是很自然的事。

我將球桿擊球瞬間的正確形象牢牢記在腦中後，就進步了很多。擊球的那一瞬間最為重要，比起姿勢，我更把注意力放在那瞬間的理想形態上。不是單靠語言，而是藉由視覺化補全資訊的不足。

現在烹飪教學的影片網站非常受歡迎，這不就證明了呈現料理烹飪過程的影片，比用語言及文章呈現的食譜更加好懂嗎？

希望各位在**嘗試說明複雜的事情時，不要只使用語言（文章），一定還要加上照片或圖畫，視情況還要搭配影片，用複數的表達方式進行說明。**

順帶一提，前面提到後翻上單槓的故事有一個有趣的結尾。那時我向父親報告，說自己終於會後翻上單槓了。

我希望這能讓父親高興，我在說的時候還夾帶了小小的抗議，告訴父親他之前的教法有錯。

「爸爸，我終於會後翻上單槓了！」

「是喔，那真是太好了！」

「後翻上單槓不需要臂力喔。」

「這樣啊……其實爸爸不會後翻上單槓耶。」

瞭解語言的極限（語言版本）

走出X車站剪票口後，往左走並下樓梯，從南口離開車站。
在巴士圓環的左邊前進約50公尺，在便利超商A的轉角左轉。前進100公尺後，在居酒屋Y所在的轉角右轉。往前會看見左手邊有公園，直走50公尺後就會抵達大街。接著左轉，在大街上前進50公尺後，右轉走斑馬線約5公尺以橫越大街。過馬路後往右走，會看到左手邊有河川，往河岸道路前進100公尺後，左轉走過Z幼稚園前方的橋，進入住宅區。在進入住宅區的那條路右轉，往前走100公尺後右手邊第7間的房子就是我家。

■ 瞭解語言的極限（地圖版本）

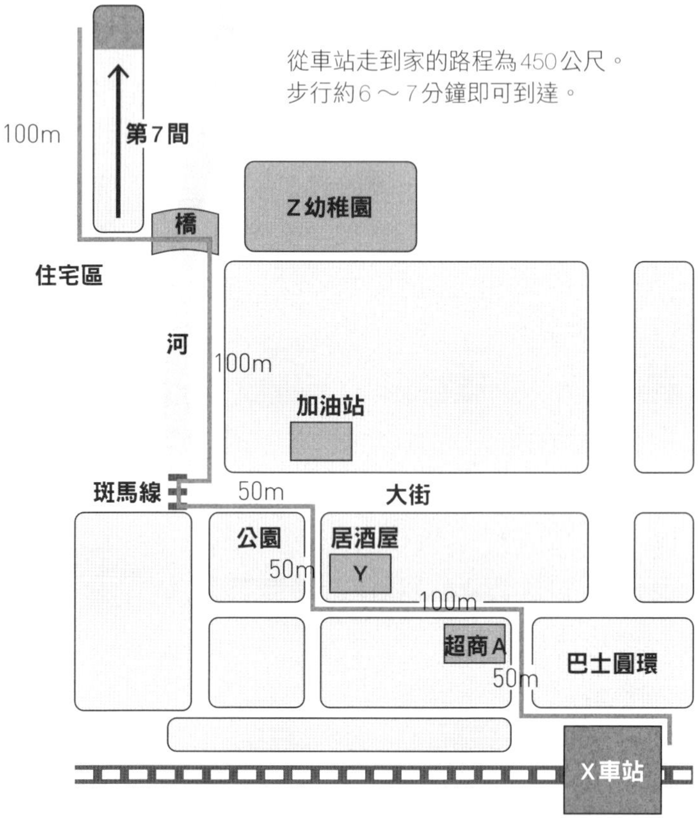

「……（無言以對）」

沒有相關知識跟經驗的人，用揣測去斷定原因並指示錯誤的方法，這樣我怎麼可能學得會。這根本是「捷徑式思考」的負面例證大雜燴，不過父親連自己不擅長的事情都會陪著我練習，我非常感謝他。父親要我自己思考做不到的理由，那時我覺得他很不講道理，但是多虧了小時候的經驗，才造就現在的我，我毫不懷疑這一點。

請各位以自己喜歡的運動或興趣為主題，嘗試製作能提升其能力且具備自己風格的教科書，當作視覺化的練習題。製作時，請準備只有語言說明的版本，以及運用了圖畫、照片的版本，並試著比較。

同樣的，各位也可以嘗試說明從離家最近的車站到自家的路徑，並準備只用語言表達的版本，以及加入圖畫或照片，以地圖說明的版本，比較兩者的差異。

面對最終定案或最重要的狀況時，不要只以語言處理，要透過視覺化去彌補語言的弱點。

鍛鍊6　嘗試扮演規則制定者：該如何修改

我們一直以來都被要求遵守規則，接受規則並謹守順從，這成了理所當然的事。

遵守規則並非負面的事，但要是不瞭解規則的本質，**只認為「因為是規則，所以得遵守」**的話，就會導致「捷徑式思考」。

此外還有一個問題，由於一般人少有制定規則的經驗，一旦到了必須制定規則的時候，就無法有良好的表現。制定規則時必須考量到各式各樣的事情，就像我們常常會想抱怨公司或政府訂定的規則，但要制定出所有人都認可的規則實為難事。

當自己對公司或政府制定的規則有怨言時，不要只是抱怨了事，請嘗試自己制定規則看看。或許這無法成為真正具有效力的規則，即便如此也沒有關係。

思考要怎麼做才能消除自己感受到的不滿之處，並思索自己認為應該會產生的新抱怨要如何處理，這會是非常好的大腦體操。

另外，思考為什麼現行的規則並不理想，也有助於更深入的觀察。例如試著思索是否有什麼限制條件，或者是不是未能適應時代的變化等等。

嘗試讓自己站在制定規則的立場上，這能成為一種準備，可以讓自己從遵守規則的位置往下一個層級邁進。

對既有規則感到不滿時，不要只是抱怨，而是要試著思考該如何修改規則比較好，並思考為什麼現行的規則沒有成為那個樣子。

鍛鍊7　嘗試編寫自己的維基百科：別自以為懂

我們比自己所想的還要更「自以為懂」，有些時候，「自以為懂」會成為「捷徑式思考」的起因。由於深信自己很懂，就不會想要再深入思考。

有些人在對話時常常會說「啊，我懂了」，有這種口頭禪的人似乎都有「自以為懂」的傾向。他們在進行猜謎等活動時，每當得到新的資訊，就會一直說「啊，我懂了」，你有沒有看過這種人呢？雖然這種人對每句話的反應都很有趣，給人的感覺也很可愛，但是他本人可是極為認真地認為自己很懂。

這種類型的人直覺很強，會靠感覺說話，就算是並未完全理解的詞彙，也總是有辦法運用自如。可是，由於這種人未能正確理解對話內容，所以其理解最後大多會偏離本質。雖然本人認為對話順利、溝通無礙，但是他未能理解真正要知道的事，所以這種狀況對當事者本人最為不利。

什麼樣的鍛鍊能有效避免「自以為懂」？我建議的方法是編寫「自己的維基百科」。碰到新詞彙時，**請嘗試只使用自己完全理解的詞彙，以文句表達該詞彙**，不過這件事比想像中還困難。

即使是自認理解而用來說明事情的詞彙，一旦試著逐條檢視，就會發現自己其實無法清楚說明。

當「自己的維基百科」中的詞彙累積到一定程度後，就請你信賴的親近友人幫你看看，並請對方提出各種問題，你會發現自己面對問題時，根本無法好好回答到令人意外的程度。明明只使用自己理解的詞彙，自己卻回答得毫無條理。

練習的對象最好找真正為你著想的人，如果找感情不夠好的人，那自己的回答說不定還會變成對方說笑話的哏（雖然應該會很好笑）。

「自以為懂」可能導致「捷徑式思考」。

想要消除「自以為懂」的壞習慣，就嘗試編寫「自己的維基百科」。

背九九乘法表的意義

即將從幼稚園畢業時，我想要給父親一個驚喜，便偷偷練習了九九乘法表，最後終於背好。那時幼稚園的朋友連加法都還不太會，我心想：「自己很厲害嘛！」並期待：「嚴厲的父親也會稱讚我吧。」

「爸爸，我會九九乘法了！（驕傲貌）」

「這麼厲害啊，那你背背看。」

我一臉得意地背出自己死記硬背的九九乘法表後，父親的反應讓我整個人都僵住了。

「十二乘以十一是多少？」

我只是硬背九九乘法表，當然答不出來。我以為自己鐵定會得到稱讚，但是父親卻問了根本不是九九乘法的問題。

父親對僵掉的我大發雷霆。

「九九乘法是為了解開這種問題而學的，就算會背誦也沒有任何價值。等你能解開這個問題，再來說你會了！別太自傲！」

當時我大受打擊，因為我認為父親會給我讚美，但他卻臭罵我一頓。

我確實沒想過九九乘法存在的意義是什麼（當時還是個幼稚園生，這是當然的），認為只要背起來就可以了。

當時還是幼稚園生的我，只是心想「原來隨便說自己會什麼，可能會被罵」，不過之後我在小學學到九九乘法時，就打從心底理解了背九九乘法的意義。多虧如此，我在小學時極擅長算數。

如果當時父親沒有斥責我，或許我會以為背九九乘法這個手段就是最終目的，並帶著這種誤會長大。直到現在，我仍清楚地記得這個深刻的小故事。

順帶一提，我記得當時還是幼稚園生而無法回答十二乘以十一，在母親的幫助下背到了十二乘以十二，因為我當時完全不懂該問題的本質為何（苦笑）。

不用說大家也知道，當時我雖然背到十二乘以十二，但我還是不敢跟父親說「我會了」。

鍛鍊8 養成分析資料的習慣：以數據做基礎

我曾在顧問公司工作多年，長期從事專案管理，並由此經驗出發，提倡要將專案管理技術應用在生活之中。

若要用一句話解釋什麼是專案管理，我的答案是「讓事物得以順利進行的專業知識及技術（know-how）」，我認為將此技術應用在生活裡，能夠讓自己變得更加富足與幸福。

我特別推薦的是：**累積與生活品質有關的數據並加以分析，用以思考能提升自身生活品質的點子**。現在我們可以使用穿戴式裝置，二十四小時連續不斷地測量脈搏、睡眠狀態或活動狀態的數據，藉此可以活用這些數據來提升自己的生活品質。

舉例來說，基本的做法有：瞭解睡眠時間、睡眠品質，與隔天身體狀況的相關性；瞭解前一天的生活方式，與當晚睡眠時間、睡眠品質的相關性。睡眠是會直接影響身體狀況與表現的重要要素，這樣的數據同時也能讓我們設法改善自己的睡眠。

另外，愛喝酒的人還可以分析有幾種要素會與隔天身體的狀況有相關性，例如酒量、酒的種類、喝酒時搭配的飲水量（解酒水）、喝酒時間與時刻、喝完酒後過幾個小時才睡等。分析這些要素就可以得到相當有意思的結果。

順帶一提，一般常說「混酒（輪流喝不同種類的酒）容易大醉」，不過我從這種分析得知此說法不正確，至少對我而言是不準的。

當然，自己攝取的酒精與解酒水的多寡，對隔天的身體狀況影響最大。依據經驗，喝下大量的日本酒後，續攤時又得意忘形地喝高球雞尾酒（Highball）等酒類，是非常容易爛醉的喝法。高球雞尾酒的味道與日本酒不同，酒味相對不明顯，所以一不小心就容易飲酒過度。

跟睡眠時間一樣，我們要取得能夠每天量測的數據再分析，並且養成習慣。這是一種有效的鍛鍊法，能避免我們落入「忽視現狀」或「分析膚淺」的陷阱。

此外，在接下來的時代，世界會更進一步地邁向數據本位型資本主義。智慧型手機的普及，意味著網路連結了全世界的人，而且ＩｏＴ（Internet of Things，物聯網）也給了眾人啟示，顯示出所有東西都能以網路連結起來的可能性。

現在的技術已經能即時分析每秒產生的大量數據，以大量數據進行學習的技術也大大躍進。我認為從今往後，累積的數據與分析數據的能力，應該會跟金錢與人才（人財）一樣被視為資產並轉動經濟。

為了做好面對數據本位型資本主義的準備，我認為**蒐集、分析數據，並依據其結果採取行動，是需要培養的極重要習慣**。

為了提升自己的生活品質與分析能力，要養成「蒐集自己生活資訊並分析」的習慣。

數據是與金錢、人才（人財）並列的重要元素，為了在新時代生存下去，我們需要的能力是蒐集、分析數據，以此為基礎去思考對策並行動。

鍛鍊9　嘗試思考什麼會摧毀自己的公司

接下來要講的是稍久之前的案例，二〇一二年，相機底片大廠伊士曼柯達（Eastman Kodak）公司（以下簡稱柯達），依據美國聯邦政府破產法第十一章向紐約法院申請破產，股票下市。

從此之後，柯達成為規模大幅縮小的數位影像處理企業，並在紐約證券交易所重新上市。

在我的國、高中時代，一般說到天文攝影用的底片，就會想到柯達的Tri-X，我很喜歡用這種底片，也曾自己沖洗、沖印，所以柯達的破產讓我備受打擊。

一般在解說柯達破產的原因時，都是說柯達未能成功應對數位相機的急遽普及等數位化趨勢。但是，世界上第一個開發出數位相機的公司就是柯達。

柯達在一九七五年時，開發出世界第一台數位相機的試作機。說到一九七五年，當時柯達擁有世界數一數二的品牌力，底片的市占率過半。在那個時間點，柯達就已經著手試作數位相機。

所以柯達破產的原因絕對不是技術落後，也不是因為沒有先見之明。

事實上在二〇〇五年，柯達數位相機的銷售額為美國第一。在一九七九年的報告裡，柯達預測到數位（digital）攝影應該會在二〇一〇年前取代傳統底片在攝影市場中的地位。

柯達還在二〇〇一年時收購了照片分享網站，不過可惜的是這個網站的目的是讓使用者印刷數位照片，沒能與單純分享照片的事業結合。

手機只要安裝了便宜又擁有高性能的ＣＣＤ影像感測器（以及ＣＭＯＳ影像感測器）（※譯註：ＣＣＤ，〔Charge Coupled Device〕指電荷耦合元件；ＣＭＯＳ〔Complementary Metal-Oxide-Semiconductor〕則指互補式金氧半導體。），就能讓手機拍出高解析度的影像，同時快閃記憶體的性能也顯著提升，體積縮小且擁有了與過去相較大得多的超大容量，換句話說，就表示手機變得可以保存大量高解析度的照片。

隨著通訊速度提升，高解析度的影像資料已經能夠輕易地上傳到網路上，且攜帶式終端裝置的液晶螢幕變大、性能變好，讓民眾不印刷也能欣賞高解析度的照片。

這些革新技術組合在一起，導致印刷照片的需求劇減，要考慮到此變化並非易事。即便柯達擁有許多出色的技術又有先見之明，最後還是無法抵抗這些趨勢而破產。其原因有各式各樣的看法，像是決策遲緩或公司陷入創新的兩難困境，又或選擇了錯誤的商業模式等，不過**數種急速發生的技術革新導致市場急遽變化，這並非簡簡單單就能應對的事，不論什麼產業都可能發生一樣的事情**。

前置說明寫得較長。

此鍛鍊法是要各位嘗試思考，有什麼是能夠摧毀自己現在從事的事業。

例如對於柯達的底片事業而言，摧毀它的是這些在短期之內發生的變化：CCD影像感測器的性能提升與低價化，並且開始普遍安裝在智慧型手機或一般手機上；智慧型手機與一般手機的普及；快閃記憶體性能提升與低價化；液晶螢幕變大且低價化；通訊速度提升；網路環境變得更完善等。最後，「將智慧型手機或一般手機所拍的照片，放在網路上分享並欣賞」的事業面世，摧毀了類比照片底片、沖洗、沖印、印刷等事業。

會摧毀自己事業的事物

某些事業會摧毀各位現在從事的事業，而什麼樣的技術革新發生，會將此化為現實呢？如果現在加入市場的障礙突然被去除，會發生什麼事？倘若是法規管制導致難有新競爭者加入，那麼當該法規不復存在時會發生什麼狀況？

管制法規廢除、某種技術問世，可能會讓自己之前認為是不同業種的企業也成為同業。

對於自己從事的事業，只要瞭解其本質，就有可能在該事業或產業的周邊領域裡，發現也許會成為新威脅的要素。

另一方面，如果為了事業所採取的行動束縛了自己，換言之，就是自己拘泥在「為了達成某目標所採用的手段」中，就難以找出新的威脅。

首先，**請思考自己從事的事業有著什麼樣的本質，並嘗試思考什麼樣的事業會摧毀**

它？什麼樣的狀況會導致摧毀發生（管制法規廢除、某技術問世等）？

這並不是思考一次就可一勞永逸的事情，它擁有大約每季度就該重新思考一次的價值。在同一時間，技術革新也會有所進展，國際環境也可能產生變化，或是管制法規遭到廢除等等。

為了確認自己的想法在時間序列上有何變化，一定要保管好研究結果，每次研究時都要再重新查看並思考。另外在養成習慣之後，除了針對自己的公司思考，也可以針對自己有興趣的產業或事業來思考。

這絕非易事，而且不可能有明確的解答。但是定期思索這種事情，能夠大幅提升本質掌握力。

首先試著思索有什麼事業能摧毀自己現正從事的事業。

嘗試思考屆時發生什麼樣的事情會讓摧毀成真（如果摧毀已是現在進行式，自己從事的事業就會面臨危機）。

另外，此鍛鍊法並非思考一次就可以完結，建議每季度思考一次。

我已經向各位介紹了九種鍛鍊法，這些鍛鍊法所加強的能力，可以幫助各位避免落入會妨礙從本質面解決問題的陷阱。

在日常生活中將這些鍛鍊法變成習慣，就能夠大幅提升本質掌握力。

我認為剛開始只要一天挑一項做做看即可，在一週或兩週內大致掌握九種鍛鍊法是比較容易實踐的計畫。

習慣之後再一天挑戰數種鍛鍊法，接著就能在一天內把所有種類的鍛鍊法都實踐一次，最後回過神來，將會發現自己能夠理所當然地實踐任一種鍛鍊法，像這樣一點一點地養成習慣最為理想。

另外，在落入陷阱時的逃脫法或鍛鍊法之中，有幾種是與其自己進行，不如尋求他人協助要更有效。

例如，為了避免自己因情緒起伏而做出偏頗的決定，可以請他人幫忙確認自己冷靜與否；或是自己嘗試扮演規則制定者後，請他人對自己思考出的規則發表感想；或者請別人幫忙確認自己的維基百科。

對象最好是自己尊敬、值得信賴、且真心關心你的人。不用說各位也知道，非常瞭解你為人的人是比較好的選擇，不過這並非必要條件。

比起和自己待在同樣環境的人，那些與自己處在不同環境的人更有可能以新穎的觀點提供意見，所以推薦各位請這樣的人幫忙。

良師益友的存在，對於加強你的本質掌握力會有很大的幫助

如果你心中有符合的人選，就不要躊躇不決，試著拜託對方看看，對方一定會爽快地答應。當身邊重要的人拜託自己擔任指導者，我想應該極少有人會感到討厭。

找到良師益友。

拜託的對象要是自己尊敬又信賴，且對方是真心關心自己的人。

結語

我從京都大學經濟學院畢業後，便以社會新鮮人之姿，進入埃森哲株式會社（當時的公司名為安達信顧問）工作。

我在書的開頭曾提到，我從一九九〇年至二〇一七年都在該公司服務，從事過各式各樣的工作，並累積了極佳的經驗。

離職後，我於二〇一七年十二月與日經BP社（Nikkei Business Publications, Inc）合作，出版了《專案管理式生活之建議》一書。我在慶應義塾大學研究所的系統設計與管理研究科教授同名課程，那本書就是以該課程為基礎，再統整出簡單易懂的內容。

日本經濟新聞出版社的編輯栗野與赤木，在讀過該著作後向我提出企劃案，希望我一定要再寫下一本。

我非常珍惜所謂的緣分。

這種緣分實為難得可貴。

我馬上就接受他們的邀請。

最後定下的企劃案，其類型與最一開始的企劃案稍有不同，不過其實跟我原本想要寫的內容相當接近。

我覺得這也是緣分吧。

我在慶應義塾大學研究所的系統設計與管理研究科，與當麻哲哉教授結緣並一同從事教職，出版前我請他看過原稿，請讓我藉此機會向他致謝。

在前一本著作裡，我撰寫了自己與先父之間的小故事，這一次我也介紹了我與父親之間的一些苦澀小故事。我父親有出色的先見之明，同時也有著昭和頑固老爹的一面，直至現在我還是很尊敬他。我的母親看起來一直是乖順地待在父親身後，同時用愛溫暖地包圍家人，為我們打造出幸福的家庭，對於母親強大的包容心與堅強，我無法隱藏自己對她的感謝之情。總是面帶笑容的母親，現在在我們家仍是中心一般的存在。

我認為人生的目的為「變幸福」，我堅信把「專案管理技術」也應用在生活裡，並充分活用「本質思考、本質掌握力」與「幸福思考、幸福志向」這樣的思考方式，就能讓自己變得更加幸福。

在這三種要素中，「本質思考、本質掌握力」屬於核心思想，本書就聚焦在這一部分，介紹大家容易落入的陷阱，以及落入陷阱後的逃脫法，還有避免自己掉入陷阱的本質掌握力鍛鍊法之範例。今後我也會繼續研究能訓練本質掌握力的鍛鍊法，希望能設計出更有效果的方法。

我打從心底盼望這本書能盡量讓更多人把「本質思考」當作自己的思考習慣，習得「本質掌握力」，不只能用在工作，還能活用在生活之中，因而過上更富足且幸福的日子。

然後，我衷心期盼能透過增加幸福的人，來讓這個世界變得更有魅力。

二〇一九年二月

米澤創一

本質思考習慣（二版）：逃脫陷阱，從根本解決問題的九大鍛鍊

本質思考トレーニング

作　　者　米澤創一
翻　　譯　郭書妤
責任編輯　夏于翔
協力編輯　李韻柔
內頁構成　立全電腦印前排版有限公司
封面美術　兒日

發 行 人　蘇拾平
總 編 輯　蘇拾平
副總編輯　王辰元
資深主編　夏于翔
主　　編　李明瑾
業　　務　王綬晨、邱紹溢
行　　銷　廖倚萱
出　　版　日出出版
地址：10544台北市松山區復興北路333號11樓之4
電話：02-2718-2001 傳真：02-2718-1258
網址：www.sunrisepress.com.tw
E-mail信箱：sunrisepress@andbooks.com.tw
發　　行　大雁文化事業股份有限公司
地址：10544台北市松山區復興北路333號11樓之4
電話：02-2718-2001 傳真：02-2718-1258
讀者服務信箱: andbooks@andbooks.com.tw
劃撥帳號:19983379 戶名：大雁文化事業股份有限公司

印　　刷　中原造像股份有限公司
二版一刷　2023年8月
定　　價　450元
I S B N　978-626-7261-69-9

國家圖書館出版品預行編目(CIP)資料

本質思考習慣：逃脫陷阱，從根本解決問題的九大鍛鍊/ 米澤創一著；
郭書妤譯. -- 二版. -- 臺北市 : 日出出版 : 大雁文化發行, 2023.08
208面 ; 15×21公分
譯自 : 本質思考トレーニング

ISBN 978-626-7261-69-9(平裝)

1.企業管理 2.管理理論 3.思考

494.1　　112011075